欧美中小学通识启蒙读本

禹成豪 主编

大地的故事

LA TERRE

Henri Fabre

[法] 亨利·法布尔 著　荣伟成 译

古吴轩出版社

图书在版编目（CIP）数据

大地的故事 / （法）亨利·法布尔著 ； 荣伟成译
. -- 苏州 ： 古吴轩出版社，2020.6
（欧美中小学通识启蒙读本 / 禹成豪主编）
ISBN 978-7-5546-1557-7

Ⅰ．①大… Ⅱ．①亨… ②荣… Ⅲ．①地球科学－青
少年读物 Ⅳ．①P-49

中国版本图书馆CIP数据核字（2020）第086576号

责任编辑：李爱华
策　　划：邓颖俐
装帧设计：观止堂_未氓

书　　名：大地的故事
著　　者：［法］亨利·法布尔
译　　者：荣伟成
出版发行：古吴轩出版社
　　　　　地址：苏州市十梓街458号　　　邮编：215006
　　　　　电话：0512-65233679　　　　　传真：0512-65220750
出 版 人：尹剑峰
经　　销：新华书店
印　　刷：天津旭非印刷有限公司
开　　本：880mm×1230mm　1/32
印　　张：7.5
版　　次：2020年6月第1版　第1次印刷
书　　号：ISBN 978-7-5546-1557-7
定　　价：42.00元

如发现印装质量问题，影响阅读，请与印刷厂联系调换。022-22520876

简　介

　　这是一本帮助我们了解赖以生存的地球的基础科学书籍。本书内容生动活泼，将那些原本枯燥无味的地理知识讲解得妙趣横生。

　　虽然关于国家、城镇、河流等名称的内容不可避免地有些枯燥，这些对于拥有超强求知欲的头脑来说，根本毫无吸引力；但是，我想通过非常通俗的交谈形式来向读者介绍地质学的基本知识，讲解是再简单不过了，丝毫不会影响这门学科本身的魅力。大家可以清楚地知道英属卡弗拉里亚[①]以及桑给巴尔岛[②]在地图上的位置，也可以对地球是一个整体的概念有更正确的认识：地球的自转和公转所产生的昼夜交替、四季变换，所有生物赖以生存的大气和海洋的形成过程。或许通过死记硬背地理书上的内容，我们可以知道：火山就是一座冒着烟的山，海洋就是一大片的水域，地面产生震动的现象就叫作地震，而冰山就是由冰雪堆成的山谷。但是仅仅知道这些是不够的，我们还应该简单了解一下这些强大的自然力量是怎样运作的，以及它们在生物活动中所起的作用。这些研究才是无价的。本书将会向大家展示大自然所创造的伟大奇迹。

亨利·法布尔

---

① 现在属于南非共和国。

② 现在属于坦桑尼亚联合共和国。

编辑说明

　　本书由法国著名博物学家亨利·法布尔于1865年所著。因为成书年代比较久远，书中有些国家、城镇、河流、山川的名称和数据都发生了变动，以原书为准。本书参考英文版 *This Earth Of Ours*，对其中一些内容做了勘校以及注释。

The Story of the Earth

第一章 地 球

　　著名作家圣彼得·伯南丁曾经说过，年幼时，他脑子里冒出过许多与地球和太空有关的奇怪想法：太阳看上去像是从一座山的背后升起，又落到另一座山的背后；天空仿佛是一座蓝色的拱形桥，或者说是一个倒过来扣在地球边缘的碗。他在脑海里设想过，要到达地球的边缘，是不是必须弯腰行走才能保证不碰到头？有一天，他决定去证实这一切，以解除自己的困惑。带上一些吃的东西，他就出发了，走了很久，只想能够早点儿亲手摸摸天空；可是随着他的不断前进，这座拱桥却在不断后退，仿佛永远也无法走到尽头。最后他累得实在走不动了，只好放弃了这次探险。但是，就算他按照原路返回了，他始终相信天空就是一座大拱桥，这样一来，到达不了、摸不着它就有了很好的解释了：他还不够高，腿不够长，力量不够大，当然无法碰到天空啦。

　　亲爱的读者们，大概你们年幼的时候也产生过类似的幼稚想法吧？觉得地球就是被蓝色的穹顶所包围的一片向四周无限延伸的广阔土地，只不过中间被山脉切割了。但是现在我们清楚地知道：天空中的任何角落都没有与地面相接，在地面上也找不到可以触碰到天空的任何一个地方，因为不管在哪里，天空的高度都是不变的。我们也知道：当我们直直地向前走时，会看到平原、山脉、海，却永远都无法走到地球的边缘。简单来说，地球是圆的。如果我们朝着一个方向一直走，最后我们还是会回到原点。

地球是一个在太空中飘浮着的体积巨大的球体。如果在空中有一个用绳子系着的大球，球面上有一只昆虫。假如这只昆虫想要从球的一边爬到另一边，那么它肯定可以顺利做到，途中不会遇到什么障碍物，也不会有突起的障碍阻碍它前进。我们从各个方向来来回回，没有遇到任何障碍物，也没有触摸过天空，就完成了路途最遥远的旅程，乃至环球之旅，并最终回到起点。如此看来，地球的形状就应该是圆的，它是一个在太空中飘浮着的体积巨大的球体。至于我们头顶上的那个蓝色的穹顶，只是地球表面的空气通过折射形成的蓝色光线。

以下事实可以证明地球的形状是圆的。有个旅行者要去一个小镇，他经过了一片十分平坦的平原，这片平原上并不存在可以挡住他视线的事物。当他站在平原的某个地方上时，首先看到的就是小镇尖塔的最高点，那也是小镇最高的地方。等他站得离小镇近一点儿之后，就可以看见尖塔的整个顶部，接着是它的屋顶，最后才能将整座尖塔尽收眼底。也就是说，随着与物体之间的距离由远及近，我们最先看到的是它的最高点，最后看到的是它的最低点。如果地球是平的，那么就不是这样的了。站在任何一个地方，我们都可以直接看到塔的全身，而不是先看到顶部，然后再是底端。如图1所示，在塔的右侧，不论是站在A点还是B点，都可以直接看到塔的全身。假如地球是圆的，那么远处的物体就会因为地球表面弯曲而被挡住，就像我们之前所讲的那样，物体将会从顶点开始慢慢出现在我们眼前。因此，如图2所示，站在A点的话，是根本看不到塔的，因为视线被地球弯曲的表面挡住了；站在B点，也只能看到塔的上半部分；而站在C点，就可以看到整座塔了。

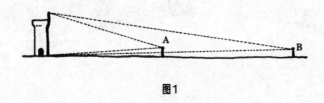

图1

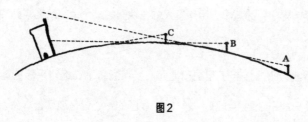

图2

在陆地上，那种视野宽广又十分规则的观察点是很少的，因为总是会有山脉和数不清的植物对我们的视线进行干扰，所以，任何塔或者说尖塔映入我们眼帘的顺序都是从顶部到底部。而海面突起的表面与地球表面的弯曲度差不多，因此，在没有任何障碍的海面上，我们就可以对地球的形状是圆的这一事实做出非常优秀的解释了。

当一条船慢慢地靠近海岸时，船上的人最先看到的是山顶，接着是高塔的塔顶等建筑物的最高点，最后才是海岸。同理，岸上的人看到的物体的顺序依次是船的上桅杆、中桅杆、船帆、船身。如图3所示，如果船是从海岸起航的，那么这些物体消失在人们视野中的顺序则与船开向海岸时的顺序相反，即最先消失在人们视野中的是船身，接着是船帆和中桅杆，最后才是上桅杆。

图3

也可以用地平线的形状证明地球是圆的。"地平线"一词出自希腊语，是"边界、界限"的意思，用来指人站在地面的某个地方所能看到的全部范围。

地平线似乎连接起了天空和地面。当观察者站在绝对平坦的地面上时，就会形成一个地平线圈，这个地平线圈的中心就是观察者本身。在海上，地平线的形状会表现得更明显，就像一个与蓝天相接的巨大的圆盘。如果地球是平的，影响视野的因素就只有视力的好坏，而且只要望远镜足够强大就可以看到距离自己任意远的物体，也就是说地球上的事物会变得一览无余。然而事实并非如此：就算你用最好的望远镜，也无法看到地平线另外一端的物体。这样看来，地球就不可能是平的，而是圆的。我们看一下图4，就能把这些都弄明白了。假设OB是球面上方的一条垂线，我们从A点看向球面，可以看到哪些部分呢？答案十分简单。我们可以以A点为起点画出AK这条直切线，使K点与球面相切，那么AK表示的就是我们的视线，我们所能看到的部分也就是AK和A点之间的范围，而超出这个范围的地方都是我们无法看到的。如果，我们再以A点为起点画出与AK类似的其他直切线，如AP、AQ、AR、AS等，这些直切线的另一个端点都会落在球面上，最后，这些落在球面上的端点将形成一个完整的圆。这样看来，从OB上的其他点画线，也会得到相同的结果。如

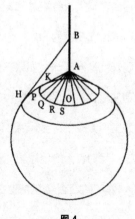

图4

此看来，要是不管我们在哪个点看到的地平线都是一个圆的话，那么地球肯定是一个球体。

这个被我们称为地球的球体，周长约为4万千米[1]。这个数字代表的意义是什么呢？接下来，我会对此进行讲解。如果你以前爬过塔，当站在塔上俯瞰周围的景色时，你一定被眼前那无限延伸的土地给震撼了，而那蓝色的地平线好像真的很遥远，在记忆中，那就是最遥远的距离。地平线离我们到底有多远呢？从塔顶我们到底可以看到多远呢？这取决于两样东西：塔的高度和地面的凹凸程度。我们再来看看图4，如果不以A点为观察点，而是将其设在较高的B点，那么视线的另一端就会落在球面更远的地方，例如H点，这样一来我们的视野就更宽了。也就是说，因为地球是圆的，所以站得高，才能看得远。

此外，在山脉广泛分布的地方，凹凸不平的地面不仅会对人们的视野

---

① 此处周长按照赤道来计算。

造成影响，也会使地平线受到限制。假设地面和海平面一样平坦，再把观察点设在高度为142米的斯特拉斯堡大教堂钟楼上，这样一来，地平线的周长就是40千米。如果有另一个拥有强壮双腿的圣彼得·伯南丁，想要走到从斯特拉斯堡大教堂钟楼上看到的地平线，就只需要花费一天的时间；如果他完成了，那么到了第二天他可能就既没有力气，也没有勇气再出发了。我们巨大的地球的周长（赤道）约为4万千米，是我们从斯特拉斯堡大教堂钟楼上所看到的地平线周长的1万倍。

这时你一定会问：地球上的山脉和深谷那么多又那么庞大，使得地球表面变得坑坑洼洼的，那为什么还说地球是圆的呢？与陆地相比，你们更愿意相信海面是均匀的，因为我们看到的陆地到处都是凹凸不平的。地球表面遍布着峡谷、山脉、平原以及悬崖峭壁，我们怎么会说它是规则的呢？我们是怎样从这个十分不规则的球面上把它的规则找出来的呢？我反过来向你们提问：橘子是不是圆的？你给出的回答一定是肯定的。虽然观察得仔细点就能发现橘子的表面也是坑坑洼洼的，不过这些小坑与它的体积比起来完全可以忽略，所以我们都认为橘子是圆的。同理，因为地球表面的这些高山、深谷与地球庞大的体积比起来也算不上什么，所以我也可以说地球就是圆的。下面我会证明这一点。

现在，我们用一个直径为2米的球来代替地球，这个球的表面必须是光滑的，然后在它的表面按照正确的比例将一些主要的山标出来。在这些山中，位于亚洲中部的珠穆朗玛峰是最高的，海拔大约是8840米，高耸入云，它的底部占据的空间非常大，甚至抵得上一个帝国的面积。这样的一座庞大的山出现在我们面前时，我们会做何感想呢？如果我们要让这座大山按正确的比例在我们假设的球上显示，你知道用什么来表示吗？一粒沙子，一粒直径只有1毫米多的沙子！如此看来，这样一座庞大的山与地球比起来根本就不算什么。就像橘子表面最小的疙瘩一样，对于橘子来说，也是可以忽略的。至于欧洲最高的山峰——勃朗峰，我们只要用一粒直径只有半毫米的沙子来表示就可以了，它的海拔约4810米。不用再举更多的例子了，球面上类似这样的沙子有无数粒，而这些沙子就跟地球上的山差不多，虽然数量不少，但是对于球体的形状毫无影响。也可以说，地球就是这个球的无限放大版。

那么地球为什么能够在太空中平稳地悬浮呢？是不是就像宫殿顶部的圣灯一样，有某种天体链将地球吊起来了？又或者就像地球仪的底座一样，有某个物体在支撑着地球？很多旅行者从世界各地开始环球之旅，但是他们都没有看见所谓的吊链或者支撑物。不管在哪里，他们看到的只有陆地、天空和海洋。所以，我们可以由此断定：地球在太空中是独自悬浮的。

那么，它为什么不会掉下来呢？嗯，这个问题很关键！不过试想一下，也许你就会知道地球不会掉下来的原因了。你能看到什么？广袤的天空、没有尽头的空间。如果你站在地球的另一端，你看到的是什么？依然是广袤的天空、没有尽头的空间。如果你位于大地和天空的分界线的两侧呢？也是如此。不管你在哪里，看到的都是广袤的天空和没有尽头的空间。现在请你告诉我：在这没有尽头的空间里，地球会向哪边掉呢？要是可以的话，请先告诉我，地球的上面和下面是怎么划分的？这里的上面指的是天空，但是请记住：不管在什么地方，天空都是不变的。要是你很清楚地知道地球不会掉到我们头顶的天空，那么你怎么觉得地球会掉到我们脚下的"天空"呢？我们不会怀疑地球会升到天空，那么我们也不要再怀疑地球会掉下来了吧。

在第二章，我们将会进一步讲解这个问题，我们会对物体掉落的原因进行讲述。不过，在此之前，让我们先对本章的要点做出总结：地球是独立存在于太空中的一个球体。它的周长约为4万千米。它的半径，即从球心到地面的距离约为6366千米。地球表面的庞大物体，如山脉、深谷等，对于地球而言根本就微不足道，并不会影响地球的形状。

第二章　物体的下落

大家有没有听过《橡果和南瓜》的寓言故事？听过的，又是否嘲笑过嘉罗的不幸呢？故事中的嘉罗是一个佃农，他心地善良但有点自负。他认为南瓜不应该是在地里生长的，而应该是取代橡果长在橡树上的，只有类似南瓜这样的果实才配在橡树上生长。就这样，嘉罗一边十分不满地对上帝的杰作进行批评，一边在橡树下睡着了。

突然，从树上掉下来的一个橡果砸到了他的鼻子，使得他由于疼痛而醒了过来。然后，他发现有血从被砸到的部位往外流。这时，他立刻改变了态度，嚷嚷道："哎呀，如果从树上掉下来的是南瓜而不是这小小的橡果的话，我可就太倒霉了。原来上帝安排南瓜在地上生长、橡果在树上生长是对的，现在我终于明白这个道理了。"

亲爱的读者们，对于嘉罗的观点你们肯定会表示同意吧。假如南瓜长在橡树上，哪还有人敢在橡树下乘凉呢？

如果说，橡果的掉落让嘉罗明白了上帝的安排是对的，那么苹果的掉落则让牛顿明白了：上帝在安排一切事物时都是按照数量、重量和质量进行的，天体之所以能够有规律地运动是因为它们遵循了一定的力学定律。

牛顿从幼年时期开始心中就充满了对知识的渴望。在他很小的时候，有一天当他路过一片苹果园时，突然有一个苹果落在他面前。如果是你遇到这种情况，肯定会把苹果捡起来吃掉，然后就结束了。但是，当时的牛顿却问自己：苹果为什么会掉落下来？这个问题真是太愚蠢了！你肯定会说：那是因为苹果已经熟透了，所以才会从树上掉下来。不过等一等，先回答一下我的问题，或许你就会觉得对于一个小小思想家提出的疑问是很难不去思考的。

假如苹果树和白杨树一样高，那苹果还会掉下来吗？当然会的。假如这棵苹果树长高了10倍乃至100倍呢？苹果依然会掉下来。石头会从塔顶或者山顶掉下来，对于这一点，我们都非常清楚。假如有奇迹出现，这棵苹果树长到了4千米高，那么树上的苹果还会掉下来吗？当然会了。这就和人们坐在上升的热气球里往外扔东西一样，不管热气球升得多高，被扔出的东西最终都会落到地面上。这么说的话，那长在40千米、400千米乃至4000千米高的地方的苹果，还会掉到地面上吗？这还需要质疑吗？毫无疑问，不管苹果长在多高的地方，它最终都会掉到地面上。区别只在于，苹果从越高的地方往下落，落到地面的瞬时速度就越大。

那么现在，我们对于这个观点都持赞成态度：不管这棵苹果树是高耸入云还是消失在天际，树上的苹果都会掉到地面上。不过，要是用铅球取代苹果呢，它会像苹果一样掉到地面上吗？对此，你肯定会这样回答：当然会啊，而且铅球比苹果重，不管从多高的地方扔下来，铅球都比苹果更容易掉下来。回答得非常好，那么照你们这么说，无论从多高的地方让苹果和铅球掉下来，它们都会掉到地面上。你们已经将物体的下落与高度之间的关系解释得很清楚了。有时我甚至觉得就算铅球是在月球那么远的地方，也依然会掉到地面上。对此，你们怎么看呢？这是一个值得深思的问题。是啊，要是没有任何阻止它落下的事物，它怎么可能会不落到地面上呢？就像你们说的那样，它肯定会落到地面上。

当你们在一个月光皎洁的夜晚抬头仰望夜空时，一定会看见那颗巨大的有着银色光芒的球。它高悬在夜空中，什么支撑都没有。小心！如果按你们说的那样，这颗球将以极快的速度掉下来，重重地砸在我们的头上。这颗巨大的球就是体积约只有地球的 1/50 的月球。到时，你们一定会发出尖叫："啊，月亮掉下来了！"没错，亲爱的小读者们，月亮真的掉下来了，于是也引出了牛顿在苹果树下思考的那个问题。假如月亮掉到我们所在的地方，那么这种巨大的撞击力会将地球上的任何东西都撞得粉碎，并最终使其毁灭。实际上，月亮一直在下降，不过不用惊慌，因为即使月亮一直在不断地下降，但是它始终和地球保持着同样的距离。对你们来说，这好像是非常矛盾的。那么，我们立刻接着进行最初的研究，这样一来，就能得到一个非常好的解释了。

我捡起地上的一块石头，再把手松开，那块石头就会掉回地面，将石头换成一个铁球、一块木头、一颗子弹、一滴水，结果并不会发生改变。不过像烟、云或者气球之类的东西，是不会落到地面上的，它们反而会升到空中，在特定的高度保持悬浮状态。并不是所有物体都符合被扔出去后一定会掉回地面这一基本定律的。这是因为这些能够在空中悬浮的物体本身的特性呢，还是因为外界对它们的影响呢？站在地面上将木头扔出去，木头会掉回地面，但是站在水里扔木头的话，木头却不会沉入水中，而是会浮在水面上，这是因为木头比水轻。

现在，地球上的我们就仿佛正处于浩瀚的海洋底部。因为地球周围的大气就像是一片海洋，而我们就在这片大气海洋的底部。所以，如同海底的木头会浮到海面上一样，烟和云朵因为比周围的空气轻，也会从大气海洋的底部往上升。不过要是没有空气，烟、云朵以及气球就都不会上升了，这时一切物体都会落到地面，就像铅球那样。而且，要是没有空气，一切物体下落的速度都会变成一样的。石头啊，金属啊，木头啊，软木塞啊，等等，虽然它们的性质和重量都不一样，不过假如在同一时刻，从同一高度将这些物体扔下，那么它们就会一起到达地面。也就是说，如果在同一时刻将一小撮蓟花冠毛和一个100千克的铅球同时扔出的话，它们会同时到达地面。到这里，从你们疑惑的表情中我已经感觉到了怀疑的气息。什么？这怎么可能？是在开玩笑吧？一片羽毛、一张纸、一朵棉花自空中落下，它们的速度与铅球落下的速度怎么可能会一样呢？如果同时往窗外扔出一张纸和一个铅球，我们十分清楚地知道：先落到地面的肯定是铅球，而纸在落到地面之前会在空中飘一会儿。对此，我表示同意，不过在对我的错误进行指责之前，让我们再来看看根据你们的思考方式设想出来的这个"绝对正确"的实验。

我要跟你们说的是：金属球之所以会比纸张更早到达地面，都是因为空气的存在，空气会对两个物体产生阻力，进而给物体的下落带来影响。

对于表面积大且质量小的纸张而言，空气的阻力非常大；但是对于表面积小且质量大的金属球而言，空气的阻力则非常小。因此，既然对于铅球来说这个阻力比较小，它就理所当然地先落到地面上了。假设有两个跑步水平一样的人，当他们一起在一片满是草丛的地面上赛跑时，是那个能够迅速将草丛推开的强壮的人获胜，还是那个只能费力将草丛推开的瘦弱的人先到达终点呢？答案非常明显，当然是前者会获胜。那么，铅球也是如此，与纸张比起来，它能够轻易地冲破空气的阻力，率先到达终点。

　　我们再来看看这两个人在满是草丛的地面上赛跑的例子。在这个例子中，如果第二个人不去尝试自己开辟一条路，而是紧随第一个人，直接从其开辟的路跑过去，在不具备任何阻碍的情况下，第二个人一定会紧跟在第一个人的后面到达终点吧？你会说：当然会是这样啊。好，我们现在就先把金属球扔出去，再把纸张扔出去，这样前面的金属球就可以先开出一条路来，接下来，我们就会看见纸张以和金属球一样的速度沿着金属球所走的路线往下落。现在呢，我们拿出一张纸和一个一分硬币，在纸上用剪刀剪出与硬币大小差不多的一个圆形，再把这个圆形放在硬币上面，但是不要用胶水将其粘住，倒可以用唾液使它糊在上面，然后保持纸面向上地把硬币和纸张放在手指上，让它们从窗户落下。当我们听到硬币落地的声音时，这个实验就结束了。通过这个实验，我们会发现硬币和纸张是在同一时间到达地面的。不管你在进行这个实验时站的地方有多高，结果都是不变的，即硬币会和纸张一同到达地面，除非在下落的过程中纸张脱离了硬币。

对此，我们不能说纸张是被硬币推下来的，因为纸张在上，硬币在下。它们之所以能够同时到达地面，只是因为它们在下落过程中的速度是一样的，这与空气中没有阻力的情况相同。那么我们由此可以得出下面的结论：要是不存在空气阻力，一切物体的下落速度都会相同。现在，你们总该相信这条让人觉得难以想象的定律是正确的了吧，我希望你们以后说某件事是不可能的之前，先找出能够支持自己的观点的证据。世界上有很多看上去不可能的事情，在经过认真思考之后，却成为铁一般的事实。

掉下来的物体在到达地面后，因为受到坚固的地面的阻止而停止了前进。不过假如物体落到了一个无底洞里呢，它会朝着哪个方向前进？这个问题就需要我们去找寻答案了。

首先，我们将一颗子弹系在一条绳子的一端，这样一来就形成了一条铅垂线，然后我们拿着绳子的另一端，使系着的子弹自然下垂，这时它就会任意摆动，不过最终它还是会停下来的。当子弹彻底静止的时候，被拉直的绳子指示的方向就是子弹前进的方向，原因很简单：在没有被拉伸的情况下，绳子是不可能顺着子弹的方向走的。所以，要想找出物体下落的方向，我们只要找出铅垂线指示的方向就可以了。比如说，如果你把铅垂线放在绝对静止的水面上进行观察，你会发现铅垂线是竖直向下的，而不是偏向任何一个方向的，即它是垂直的。也就是说，绳子指示的方向就是垂直方向。垂直于静止的水面的线是不会向任何方向倾斜的，这个水面就叫作水平面，而这条垂直线就是这个水平面的垂线。

在很多地方都可以用到这个确保垂直的方法，它是十分重要的，尤其是在建筑中，要是在施工过程中建筑工人无法确保这条铅垂线是直的，那么整个建筑就可能会出现不稳的情况。假设现在你要对房子的一角是不是直的进行确认，那么你就应该拿着一个铅垂线站在这个房角的前面，使铅垂线自然下垂，看一下这个铅垂线是不是完全挡住了墙角这条竖直的线。如果完全挡住了，那就说明房子建得很好，是直的。

刚才我们学习到：物体下落的轨迹是垂直于静止的水面的，即物体是垂直落下的。现在我们将这个水面换成海平面，那么从上面落下的物体在任何时刻都是与这个海平面垂直的。我们知道因为地球表面是球面的关系，水面也都是球面的，不过其他物体并不符合这个规律。不管是海平面、湖面，还是水桶或盆里的水面，由于它们的面积都非常小，表现出来的球面不是特别明显，所以我们暂时先把它们当成是平面的。如果物体落到平静的海面和水平面上时是与其垂直的，那么我们可以由此得出什么结论呢？在下面的图5中，我们将地球表示为以O为中心的球体，A、B、C是三条与球面垂直的线，即这三条线与球面上的弧线是完全垂直的。假如不发生任何偏移，只把这三条线向着球心延长的话，它们最终会相交于O点。我们再来看一下图中的线条D，它并没有垂直于球面，而是偏向了一边，如果将它也向着球心延长，最终

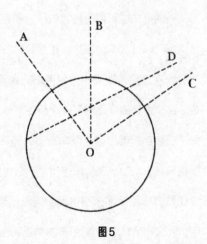

图5

也不会经过O点。因此，既然物体下落时都是与地球表面垂直的，那么下落的物体肯定都会移向地球中心。

在这个中心点是不是有什么东西，能够将所有物体吸引过来，使它们都向着它运动？是不是就像普通磁铁能够吸引铁一样，在这里有一块具有强大力量的磁铁呢？不，它的里面并没有那样一块磁铁。虽然我们对于地球中心到底有什么东西了解得并不十分清楚，但是有一点我们可以肯定：所有物体都会向着地球中心的方向运动与那个中心里面的任何东西都没有关系。假如让一个物体自由下落，它之所以会落到地面上，都是因为地球引力的存在。这个引力并非地球任何一部分的专属物，而是在整个地球所有部分的共同作用下产生的，其中有向右的力、向左的力、向下的力，还有向上的力。这些力中的任何一个力单独发挥作用，都可能会使下落的物体沿着这个力的方向运动，只有当这些力同时发挥作用时，才会让下落的物体向着地球中心的方向运动。

一辆马车由两匹马拉着前行，要是只有右边的那匹马套上了马缰，那么这辆马车就会偏向右边；要是只有左边的那匹马套上了马缰，那么马车就会偏向左边；要是同时给两匹马都套上了马缰，那么它就会一直往前走。这个道理同样适用于一个自由落体的物体。我们假设将地球分成两部分，右边部分就相当于马车右边的马，左边部分就相当于马车左边的马：如果只有右边部分在发挥作用，那么物体就会向右运动；如果只有左边部分在发挥作用，那么物体就会向左运动；如果两个部分的力同时发挥作用，那么物体就会向着地球的中心运动。因此，所有下落的物体都会向着地球中心运动只是因为地球是以这个点为中心对称的，而不是因为这个中心点有着某种特殊的引力。

　　实验证明，物体在进行自由落体运动时，第一秒走过的距离是4.9米。我们都知道一秒钟的时间是非常短的，它是一分钟的六十分之一，而一分钟是一小时的六十分之一。在进行自由落体运动时，物体的速度会越来越快，每秒下落的距离也就随之变得越来越大，具体规律如下表所示：

自由落体的过程	
时间（秒）	下落距离（米）
1	4.9
2	4×4.9
3	9×4.9
4	16×4.9
5	25×4.9
6	36×4.9
7	49×4.9
8	64×4.9
……	……

　　注意到了吗？ $4=2 \times 2$，$9=3 \times 3$，$16 = 4 \times 4$，$25 = 5 \times 5$。也就是，如果要计算物体在某一时间内掉落的距离，那么就要把这个时间乘以它运动的时间，然后再乘以4.9。

　　这个规律的应用非常有趣。假设你现在站在塔顶或者悬崖边，又或者在深井旁，你想要知道塔、悬崖的高度，或者井的深度。这时候，你只要站在这些地方，然后往下扔一块石头，接着用手表开始计时（如果没有手表，可以数自己脉搏跳动的次数），从物体落下的那一刻开始，到物体到达地面或井底的那一刻结束。假如整个过程花费了6秒，我们就用6乘以6得到36，然后再用36乘以4.9，得到176.4，这就是我们想要知道的数字，这个数字就是我们想要的高度或者深度的大概数。

第三章　月亮会不会掉下来

现在我们来探讨一个有趣的问题——月亮会不会掉下来。首先看下面的图6，左侧的小山丘上有一门大炮，CA是它的水平瞄准直线，在它的对面有一堵墙。按理说，由于CA是它的瞄准线，所以这门大炮发射的炮弹很有可能会打到A点，但是当我们将炮弹发射出去之后，它并没有沿着CA前进，而是走出了一条曲线CBD，即炮弹最后打到了D点——一个比A点略低一点的地方。这一偏差出现的原因并不在炮手身上，他的技术也许和你们一样好，但他就是无法将炮弹打到炮口正对的地方。所以，他要是想打中A点，就必须对准得更高些。

图6

为什么炮弹不是沿着瞄准线前进的呢？为什么炮弹打到的点总是比瞄准的地方低呢？答案非常简单：虽然刚将炮弹发射出来的时候它是沿水平方向运动的，但是它一旦离开炮口，就会因为受到地球向下拉的作用力而减速，继而开始下落，直到完全静止。这就对它的路线为什么会是CBD这样一条处在CA下方的曲线做出了解释。如果炮弹从射出炮口到打到墙上一共用了3秒钟，我们就可以根据上一章的那张表算出一个自由下落的物体在3秒内走过的距离是44.1米。现在我们来量一下A点与D点之间的距离，会发现也是44.1米。如果炮弹从C点到D点一共用了2秒，那么A点与D点之间的距离就是19.6米；如果只用了1秒的话，那么A点与D点之间的距离就是4.9米。因此，我们可以得出下面的结论：不管是对于运动的物体来说，还是对于静止的物体来说，地球的引力都是一样的。

在此，我们要关注这样一个十分重要的事实，那就是物体能够围绕一个固定的点做圆周运动的原因。

在很多乡村，到了丰收的季节都会用骡子打谷。人们会将槽轮安置在圆形打谷场的中间，槽轮的中心处站着一个手拿缰绳的人，缰绳的另一端系在骡子身上。当槽轮开始转动时，这个人就得控制缰绳让骡子绕着圆圈跑，人们采取的方式一般是用声音来吆喝，必要时也有可能会用长鞭鞭打。等到骡子由于不习惯绕着圈子跑而出现眩晕的情况时，就蒙上它的眼睛，这样一来，它就不知道自己是在绕着圈子跑了。骡子之所以会绕着圈子跑，就是因为有缰绳对它进行牵制，让它无法偏离圆形轨道。如果把缰绳松开，会出现什么情况呢？松开缰绳，骡子就感觉不到拉着它、控制着它的方向的东西了，所以它就会自然而然地向前跑，而不是继续走曲线了。

在一根绳子的一端系上一块石头，然后拿住绳子的另一端让石头快速绕圈旋转起来。这时，让这块石头绕着圆圈转的是什么呢？非常明显，就是这根绳子。我们知道，如果此时绳子断了，或者将石头绑住的结松开了，那么石头就会直直地飞出去，这与投石器的使用原理是一样的。我们可以从这两个例子中看出：要是没有外界的支持，一个物体是不可能依靠自身进行圆周运动的，必须有一个物体将它拉向中心；如果对它的运行轨道予以控制的力突然减弱或者消失，那么这个物体就会偏离运行轨道直接向前飞出去。

月球绕着地球运动与系在绳子上的石头做圆周运动具有相同的原理，而月球进行圆周运动走过的路线就叫月球的运行轨道。在图7中，我们将地球表示为T这个圆形，将月球的运行轨道表示为围着它的大圆圈。如果在运行过程中月球必须经过L点，在它到达L点时，中心的力就会立刻将它拉回来，让它接着前进。这个情况与从炮弹口里发射出来的炮弹一样，要是不存在这个中心力，月球就会沿着LA线，即我们在前面提到的瞄准线运动。想象一下，如果地球上方有一面墙与球面垂直，在图中我们将其表示为TA，那么月

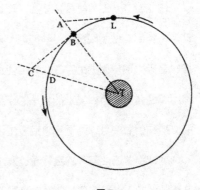

图7

球将会到达B点，而不会到达A点，也就是说月球在运行过程中会走曲线LB，而不会走LA，即月球所走的路线与从炮口射出的炮弹所走的路线相同。

在地球引力的作用下，月球从L点出发到达TA时，A点与B点之间的距离就是它所走过的垂直距离。如果在月球到达B点时，地球引力的作用突然消失，那么月球将会从原来的运行轨道中脱离出来，直接向前冲出去，就如同用投石器扔出的石头一般。如果这个能够维持月球运行轨道的力的作用消失了的话，月球就会沿直线向前运动，最后与虚构出来的TC这面墙相交于C点。不过，我们都知道，地球引力的作用是不会消失的，所以图中的BD曲线才是月球的运行轨道，也就是说月球会到达D点，而C点与D点之间的距离就是它下落的直线距离。因此，尽管月球是在不断地下落，但是它并不会进行直线运动，从而离地球越来越远，而是会绕着地球进行圆周运动。所以，我在前面说的月球一直在下落是对的，正是因为它在不断地下落，所以它与地球之间才能保持恒定的距离。

由于存在地球引力的作用，所以月球能够一直在自己的运行轨道运动，每当月球试图脱离这个轨道时，地球引力就会适时地将它拉回来；同样也是因为地球引力的存在，才会使得物体往下落。地球引力对于月球的作用和缰绳对于打谷场上的骡子的作用以及绳子对于小石头的作用是一样的。地球引力使月球的运行轨道发生了改变，迫使月球一直在向着地球运动，地球引力还使炮弹的运行轨迹发生了改变，使得炮弹最后打在低于瞄准点的地方。但是骡子能不断地绕圈子是因为有缰绳的拉力，小石子能持续绕圆圈是因为有人的拉力，而火药的爆炸则成为炮弹的作用力。

不管离得有多远，地球引力都能对它周围所有的物体发挥作用。但是，并非只有地球有引力，其他天体也能够产生引力。比如，月球也会产生吸引其他天体按照一定的轨道运行的引力，它能用此吸引这些天体下落。月球引力可以延伸到很远的天际，无论有多远，对于我们居住的地球来说，它的影响都十分明显。所以，如同月球不断地落向地球一般，地球也在不断地落向月球。在这种相互吸引的情况下，力量更强大的一方肯定会获胜，并使力量小的一方偏离自己的轨道，按照另一种轨道运行。

如果两个人拉住同一条绳子的两端，并都为把对手拽到自己这边来而用尽全力，力气比较大的那个人肯定会赢。对于两个天体来说，也是更强大的一方会取得胜利，或者说是质量比较大的一方会赢。地球的体积约是月球的50倍，它产生的引力势必大于月球产生的引力，所以，对它来说，更容易将月球吸引到自己这边来，并会迫使月球向着地球中心的方向下落。也就是说，月球在地球引力和自身重力的双重作用下，不断绕着地球转。如果月球的体积比地球的大，那么它们之间的关系就会完全相反，我们的地球将成为月球的"月球"，也就是月球的卫星，从而绕着月球转。那么在某个地方是不是还存在着比地球大的天体，这一天体产生的引力能够改变地球的运行轨道，并使得地球围绕着它转呢？确实有一个如此强大的天体，那就是太阳。

毫不夸张地说，在我们看来比车轮还小的会发光的太阳实际上是个巨大的球体。非常巨大的地球到了太阳面前，也根本算不上什么。而我们之所以感觉太阳非常小，只是因为它离我们实在太远了。事实上，每个博学的精通计算的天文学家都可以告诉你地球与太阳之间的距离，那至少有14959万千米。你肯定对这个数字没有什么概念，而且在下一秒就会将它忘记，所以我们要解释一下这个数字。你肯定经常看到在轨道上快速行驶的火车，那我们就假设火车的速度是60千米每小时，如果火车的速度一直保持不变，那么它想从法国的一端走到另一端就只需一天的时间，但它要是想从地球走到太阳，就得花上289年的时间。也许现在最好最快的火车可以完成这样一段旅程，不过跟其他旅程相比，它看上去慢得可能就像蜗牛一样吧。

科学家告诉我们，太阳的体积相当于地球体积的130万倍。这究竟有多大呢？要想对此做出解释，我们需要更多的数字。现在我们假设太阳的中心与地球的中心重合了，那么在这种情况下，太阳就会像鲨鱼吃小鱼一样，将整个地球吞噬，并向太空延伸出去，它能延伸到的地方比月球与地球之间的距离大得多。

可能你还是不太明白太阳究竟有多大，那让我们用另外一种方式进行比较。如果想将体积为1升的物体填满，我们需要1万粒大小相同的小麦，如果是体积为10升的物体，我们就需要10万粒小麦，体积为130升的话，就需要130万粒小麦。现在想象一下，我们把这130万粒小麦堆到一起，然后在它的旁边放上一粒小麦。这130万粒小麦代表的就是太阳，而那粒被单独放在旁边的小麦代表的则是地球。这样一来，你对太阳的大小是不是有了一个比较清楚的概念了呢？你可能会发出惊叹：人类与那些巨大的物体比起来，到底是有多渺小啊！

现在不需要再多说什么，你就会发现地球所产生的引力与这么一个巨大的天体相比，根本算不上什么了。所以，这时的地球就会遵循强者定律，向着太阳下落。不过由于地球本身具有向前的冲力，最终在太阳引力和自身冲力的共同作用下，地球就变为绕着太阳进行圆周运动了。就这样，地球变成了太阳的卫星。这时，地球绕着太阳转，月球就绕着地球转，彼此之间互不干扰。地球绕着太阳旋转一周要用一年的时间，在此期间，月球绕着地球转了12圈。

你们在一开始提出的那个问题：为什么在没有任何支撑的情况下地球也不会往下掉呢？现在可以进行回答了吧。因为有地球引力的存在，所以物体才会往下掉。如果地球的周围没有任何天体，在没有受到任何外力作用的情况下，它不会掉向任何一个地方。因此，地球就会保持静止，要是在开始时就给它一个速度，那么它就会一直向前走。但是实际上，地球由于受到太阳引力的作用，运动方向发生了改变，不停地绕着太阳转，就像被缰绳控制的骡子一样。也是在这个力的作用下，地球才被发射到太空中，并在那里悬浮着，始终与太阳保持一定的距离。

第四章　地球的运动

我们总是说太阳在不停起落。太阳早上从东边升起，到了中午就会升到最高的地方，让灿烂的阳光照耀着大地，等到傍晚的时候又从西边落下去了，接着会以同样的方式在地球的另一面开始运行。在我们看来，不光太阳是这样运动的，就连星星也是如此。从表面上看，你们会觉得太阳和星星都是从东边升起从西边落下，也许你们觉得地球就是整个宇宙的中心，整个天空都在围着它转，而那些数不清的星星就好比是固定在天空中的银色碎片，随着天空的转动而转动。

那么，现在我们对这些表象应该选择相信吗？难道太阳和星星真的在绕着地球转吗？如果这个与我们之间的距离为14959万千米的太阳绕着地球转一圈需要一天的时间，那么你知道它每分钟走过的距离是多少吗？至少是40万千米。虽然这个速度让人觉得不可思议，但是跟我们接下来要讲的内容比起来，就根本不算什么了。那些星星的亮度、大小都和太阳差不多，不过因为它们离地球远得多，所以看上去就显得更小了。在这些星星中，离我们最近的一颗与我们之间的距离相当于太阳与我们之间距离的3万倍。所以，假如它绕地球一圈需要的时间也是一天，那么它每分钟走过的距离就是40万千米的3万倍。而其他的星星呢？它们与地球之间的距离可能相当于这颗星星与地球之间距离的百倍乃至千倍，它们每天也必须绕地球一圈，可想而知，它们的运行速度会有多快啊！还记得那个体积庞大的太阳吧，地球在它的旁边看上去就像一小块黏土，你觉得它为了供给地球光和热，而在遥远的太空以令人难以置信的速度绕着地球旋转，这可能吗？除了太阳之外，还有无数被我们称为星星的"太阳"，它们的大小与太阳差不多，但是距离地球更远，于是运行速度就同比增长，你觉得它们有可能每天以大到令人难以想象的速度绕着地球转吗？很明显，这是不可能、不合理的。

那么我们应该怎样对这些天体的运动做出解释呢？为什么看上去太阳、星星以及其他行星都在绕着地球转呢？为什么看上去它们似乎是从地平线的一端升起，然后又从另一端落下去的呢？这个问题最好解释了——因为地球在不停地自转，所以它的每一个部分接受太阳照射的时间并不相同。地球如同一个陀螺一般在不停旋转，这样一来，就可以将太阳、星星看上去好像在绕着地球转的现象解释清楚了。

坐过火车的人肯定都曾注意过：车窗外的树啊，篱笆啊，广告牌啊，房子啊，等等，都似乎在向着和火车前进方向相反的方向运动。这时，你会觉得自己好像是静止的，而你看到的车窗外的物体则从你眼前快速地掠过。如果不是因为火车难免会颠簸，你产生的错觉一定会更加真实：你肯定会觉得车窗外的一切物体都呼啸着从你身边掠过。逆流而下的小船、迎风行驶的帆船、倒退的马车等物体同样欺骗了人们的眼睛。总之，不管我们坐在哪种慢速前进的交通工具上，我们都会在某个时刻产生自己没有动，而外面的物体却在向反方向运动的错觉。实际上，外面的物体都是静止的。

地球绕着地轴自西向东旋转，每转一圈就要花去一天的时间，也就是24小时。地球在旋转的过程中不会产生任何震动，所以我们无法感受到地球的运动，如果不是有人告诉我们这些，我们肯定会一直觉得自己是静止的，而宇宙中其他天体绕着地球自东向西地运动，即它们的运动方向与地球自转的方向相反。那么如同坐在前进的火车上看车窗外的物体一般，太阳和星星绕着地球转也是我们的一种错觉。

所以，我们说地球在同时进行着两项运动：一项是公转，即地球绕着太阳转，周期为一年；另一项是自转，即地球绕着地轴转，周期为一天。我们可以用陀螺的实验很好地解释地球的这两项运动。当陀螺在原地转动时，它只会绕着自己的锥尖转；不过要是你将它以一种特别的方式扔出去，它就会一边绕着锥尖转动，一边绕着地上的某个点转动。陀螺的运动就与地球的两项运动十分类似：陀螺绕着自己的锥尖转类似于地球的自转，而陀螺绕着地上的某个点转就类似于地球的公转。

我们可以通过以下方式，更多地了解地球的两项运动。我们将一个圆桌摆在房间的中间，然后将一根点燃的蜡烛放在桌子上以代替太阳，然后你自己开始转圈，与此同时，也绕着桌子转，你每绕着桌子转一圈，就相当于地球公转了一圈（在这个实验中，我们把自己的脑袋假想成是地球）。这时你会发现：蜡烛的光会按一定的顺序照在你的每个部位上，一边的脸颊、另一边的脸颊、后脑勺等被蜡烛照到的时间并不相同，也就是说，你脑袋的各个部位会交替被蜡烛的光照到。而在浩瀚的宇宙中，地球也是这样的，它的每个部分也是按顺序被阳光照到的，这一半白天能被照到，到了晚上就陷入黑暗中了。而形成这种昼夜交替的原因正是地球的自转，地球的公转则形成了四季的变换。

让我们用橘子对地球的旋转运动进行模拟。首先在橘子的两端穿过一根毛线针，让橘子绕着毛线针旋转。这样，我们就可以用这根毛线针表示在前面提到的"地轴"，用橘子表面的两个针孔表示"极点"。为了更形象一点，我们可以做出假想，地球和这个橘子一样，也被一根针刺穿了，并绕着这根针不停自转。我们假想出来的穿过地球的这根针就是地球的轴线，就和穿过橘子的那根毛线针是橘子的轴线一样。我们假想出来的针在地球表面留下的两个孔就是地球的极点。所以，我们假想出来的那条线就是地轴，地球每天都绕着它旋转，而地轴穿过地球表面留下的痕迹就是极点。

我们认为，天空就好比是一个空心的球体，而我们就在这个球的中心。地球本身不停地自转，而我们误认为它是静止的，是天空在自东向西旋转。天空的这种运动也是绕着轴线进行的，它的轴线与地球自转的轴线相同。为了让你们理解得更清楚，我用一个例子来说明。

假想一下，在一个房间内，用一根长电线穿过橘子，然后将其水平拉直，这时橘子是在半空中悬挂着的，在它上面还有一只小昆虫。如果我们让橘子绕着电线旋转，你认为在橘子表面紧紧贴着的昆虫会感觉到自己也在动吗？肯定不会。因为昆虫视力所及的地方没有发生任何改变，所以它是不会感到自己也在动的。而房间里的天花板、墙壁、地板，依次在小昆虫的视野里出现，这让它产生错觉，以为整个房间都在绕着电线旋转。正是橘子绕着转动的这根电线，让昆虫误以为整个房间都在动。如果这根电线的长度与房间长度一样，并贯穿前后墙，那么相对于昆虫来说，两面墙上的两个点看上去是静止的，而墙上的其他地方依然在旋转，离电线越近，转的圈越小，离电线越远，转的圈越大。

现在我们假设橘子代表的是地球，电线代表的是地轴，天花板和墙壁代表的是整片天空，而橘子上的昆虫代表的则是一个对天文学一窍不通的观察者。这时，观察者会认为自己是静止的，而整片天空在自东向西绕着地轴旋转。在他看来，天空中只有两个点是静止的，其他的点都在旋转。这两个点就是天极，即无限延长的地轴两端到达的虚构出来的天球内部的点，它们和地球的两极相对应。

通过上面所讲的内容，就算地轴并非真实存在的，也根本看不见，你也知道该怎样确定它的位置了。你只需找出这样一颗星星：无论何时，它都不会旋转，也不会改变自己的位置。要是你找不到看上去绝对静止的点，也可以先找转的圈最小的那颗星。然后沿着它，你就能找到地球的北极点了。站在南半球的某个位置，你还可以用同样的方法找到地球的南极点。

在我们视力所及的地方，与极地的距离最近的那颗星就叫极星。它并非绝对静止的，只不过它旋转的距离非常小。只要我们在晴朗的夜晚，面向南站在一片空旷的土地上，抬头看夜空，就能在我们的左手边看见极星，那里也是太阳升起的地方。[1]我们会在地平线上空看到一组群星，它们组成的星座叫大熊座。这群星一共有7颗，其中特别亮的4颗排成了一个长方形，另外3颗聚集在长方形的一个角，排成了一条不规则的线。大熊座是那片天空中最亮最大的星座，其他可见的星星都不如它绚烂，所以它非常引人注目。此外，因为它位于

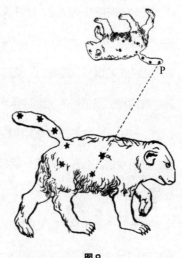

图8

极星附近，所以是彻夜可见的。当然，大熊座也会绕着地轴旋转，于是它在空中的位置也会时高时低，不过住在北半球的人们从未看见它消失在地平线以下。图8为我们展示了大熊座的形状。4颗亮星组成了它的身子，另外3颗星组成了它的尾巴。

这个由7颗星星组成的大熊座是什么样的？只见这只猛兽伸直了尾巴，同时伸出爪子，还露出了自己尖锐的牙齿，好像正准备捕捉猎物，这代表着什么呢？我们在天空中从未看到过与其相似的事物，这幅图片完全是想象出来的。为了对天空中难以计数的星星加以区分，天文学家们一致同意将天空分成几个不同的区域，再为每个星座命名。有时为了方便起见，如果星座的形状近似于某种动物或物体，他们就会用动物或物体的名称来给星座命名。因为图8中的星座像大熊，所以天文学家们就将其命名为大熊

---

① 因为作者法布尔在法国，属于北半球，因此本书所有参考观察地点均以北半球为准。

座。在大熊座所在的区域，除了表示星座的7颗星之外，还有其他的星星，只不过因为它们不太显眼，所以就被忽略了，于是我们就习惯用大熊座来表示它所在的区域。实际上，这个名字是不太符合现实的，因为在真实生活中熊的尾巴是很短的，而科学家为了加上那3颗星星，不得不让这只熊长出了长尾巴。他们还把大熊座称作"大卫的战车"，在这个想法中，将4颗星星组成的长方形看作了一辆战车，而把另外3颗星组成的图形看作了战车的推杆。

另外一个也是由7颗星星组成的星座离大熊座很近，它的排列方式跟大熊座的一样，只是比大熊座小一点，也没有它那么亮。在不同的时间对它进行观察，会发现它的位置也是不同的，会在大熊座上下左右4个方位变动。其中4颗星组成了一个不太正的正方形，另外3颗星排成一排接在正方形的一个角上，看上去像是一条尾巴。这个星座就是小熊座。小熊座的尾巴与大熊座的尾巴总是指向两个相反的方向，而小熊座中最亮的一颗就是尾巴末端的那颗星星 P。

是的，这颗星星 P 就是极星，当其他星星都在自东向西旋转时，极星基本上保持不动。地轴就在极星的附近，如果延长地轴，它将会冲破我们想象出来的天穹。如果你对大熊座很熟悉的话，就可以用下面的方法轻易地找到极星：首先找到与大熊座的头部距离最短的两颗星星，把这两颗星星连成一条直线并延长，使直线穿过大熊座的背，直至找到一颗比周遭的星星都亮的星星，这颗亮星就是极星。如果怕找错了，还可以用小熊座对其进行确认，即检查这颗亮星所在的星座是否就是小熊座。

　　大熊座是地球两极所在区域名称的来源。比如：北冰洋就是与大熊座相对的海洋，"arctos"一词在希腊语中就是熊的意思；而南冰洋就是位于地球另一端的远离大熊座的海洋。我们也用南极和北极来称呼地球的两极，离我们较近的极点就是北极。

　　我们从地轴的位置和星星的运行中得出了指南针的四个主要方位，它们就是北、南、东、西。地轴指向南北，而星星是自东向西运行的。这样一来，我们就可以在特定的环境下，分清东、西、南、北，找出自己所在的位置。白天，想要分清东、西、南、北，你可以面向太阳升起的地方站立，这时你的前面是东，后面是西，右边是南，左边是北。当然，如果当时正值太阳下山，要想分清方向也是十分简单的。如果你面向太阳下山的地方站立，那么你的前面是西，后面是东，左边是南，右边是北。如果是在晴朗的夜晚，那么我们看到的北极星所在的位置就是北，与其相对的就是南，左边是西，右边是东。

　　有时我们不说"东"而说"东方"，意思是升起的；也会用"西方"表示"西"，意思是落下的。同样，我们还会将"东边的"和"西边的"分别表示为"东方的"和"西方的"。在结束这个话题之前，我们还要了解一点，那就是指南针上的另外四个方位。东南指的是东面和南面的中间，东北指的就是东面和北面的中间。由此，你们应该知道西北和西南指的是什么了吧，我就不再对它们多做解释了。最后一点：如果在地图上没有特别标明，那么在判断方向时，就遵循"上北下南，左西右东"的规则。

　　在向你们介绍地球的运行轨道之前，我猜有一个表象问题会令你们感到十分困惑。假如地球自转一圈所用的时间是一天的话，那么当它转到一半时，我们也就等于绕过了地球半圈，然后我们的位置应该是与起点相对的。开始时，我们头朝上、脚朝下站着，但是经过 12 小时，我们就应该是头朝下、脚朝上地站着了。也就是说，最初我们是正立的，12 小时之后，我们就变成倒立的了。可是我们为什么不会因为这样"倒立地站着"而感到不适呢？为什么我们不会掉下去呢？按常理说，要想保证自己不掉下去，我们应该紧紧地贴在地球上，可是实际上根本用不着我们这样做，我们也不会发生什么意外。

看上去你们的这个问题是很合理的。12 小时之后，我们确实是颠倒过来的，即变成了头朝下、脚朝上。可是，虽然我们是倒立的，但根本不存在掉下去的危险，甚至连一点不适都感觉不到。对于我们的身体来说，应该一直是头朝上，向着天空，脚朝下，稳稳地站立在地上的。不过，有一点你要记住：在无边无际的宇宙中是不存在所谓的"上"和"下"的概念的。宇宙中哪里都一样，你怎么对哪个在"上"哪个在"下"做出判断呢？在地球以外的其他地方不存在上下之分，只有在地球上，用"上"表示朝着天空的方向，用"下"表示朝着地面的方向。无论我们在地球上做什么都会受到地球引力的作用，所以可以始终保持头朝上、脚朝下的姿势，并不会觉得有什么不便或者不适，也不会对每隔 12 小时一次的身体颠倒产生任何感觉。

在此，你们也许会提出另一个问题——如果坐着热气球从有地球引力作用的地面离开，当上升到一定的高度时，可以看到下面的地球在进行圆周运动吗？海洋、陆地、岛屿、帝国、山脉以及森林等物体，一一经过观察者的眼前，这时应该可以看到地球的一次完整圆周运动吧。这种场景肯定特别壮观！这将是多么美妙的旅程啊！当地球转过一圈，让我们居住的国家回到最初的地方时，在这短短的时间内，我们一步都不用动，就完成了一次全球之旅。

　　没错，我同意，可以如此轻易地看遍世界，该是多么美妙啊！但是，我必须提醒你们：要想开始这样的旅程，一定得小心一点，因为你们需要上升到特别特别高的高度。地球上的那些极高的山脉永远都会跟着地球转动，要是其中哪座山正好转到你所在的位置，那么在你反应过来之前，可能你就已经死了，你所期待的视觉盛宴也就毫无意义了。你应该自己做出判断，每天地球上的所有点都会绕着地轴旋转，不过因为它们的运行轨道长度不同，所以转动的速度也不同。距离地轴越远的点，运行轨道就越长，转速也就越快。相对于地球上的其他地方来说，极点几乎是不动的。我们可以用橘子绕着毛线针转的例子对这些现象进行解释。因此，离地轴最远的那些点，运行轨道的长度约是4万千米，转动的速度约为每分钟28千米。而我们所在的地方（即法国），转动的速度会小一点，约为每分钟20千米，几乎相当于快速火车速度的20倍，与炮弹的速度差不多。看到一座转速如此之快的山正在向你靠近，你的头脑还能保持清醒吗？这小小的旅程听上去很有趣，实际上，是非常危险的。因为这段旅程的危险系数太高，你可能会放弃它。还有一个原因也会让你将其放弃，那就是：上面说的那些是根本不可能发生的。

　　整个地球上方都笼罩着一圈大气层，它也是地球的组成部分之一，所以也会随着地球的转动而不停转动。因此，置身大气层中的热气球并不会停下来，而是会随着地球一起转动，这样一来，热气球周围的环境根本就不会发生改变。现在你会说，那一切都很明白了，可是，你还是会觉得很遗憾，因为大气层会随着地球的转动而转动。如果大气层是静止的，那你就得十分小心地避开快速向你靠近的山脉，同时能够享受一次美妙的旅程。但是真的十分可惜，太可惜了。

我的小读者们，你们与拉·封丹寓言中的佃农嘉罗有着相同的推理方式。让我们再来认真看看这个问题，看看如果大气层是静止的而不是随着地球一起转动的，会发生什么情况。当你奔跑时，静止的空气如同微风一般迎面吹来。当你乘坐快速行驶的火车时，你会看到窗帘在飘动，如同有强风吹过一般，哪怕外面树上的叶子连一片都没掉落。当火车停车时，风也消失了，但是当火车再次开动时，风就又吹起来了，而且随着车速的加快，风力也会加大。因此我们可以把风的产生分为两种情况：一种是物体不动，空气朝着物体运动；另一种是空气不动，而物体逆着空气而动。第一种情况产生的风就是普通的风，第二种情况产生的风就如火车行驶所产生的风。

现在你们知道：如果大气层是不动的，那么地球表面的一切物体（那些在两极附近的除外）都会用力拍打大气层，最后将产生力量强大的飓风，看上去就像是大气层自身在转动，速度为28千米每分钟，如果是在法国，速度就是20千米每分钟。而现实中最强的飓风的风速不会超过3千米每分钟，这样的风速，能够将树木连根拔起，将地上的石头吹到空中，将房子吹翻。

如果风速达到7～9倍，结果会怎样呢？什么都抵挡不了这样的强风，就连大山都会被它吹倒。那么，请你告诉我，地球绕着地轴进行圆周运动，而大气层却保持不动，这样真的比大气层随着地球一起转动更好吗？

第五章　季节和气候

　　因为受到太阳引力的作用，地球绕着太阳在运行轨道上一年又一年从不间断地进行着圆周运动，周期为365天6时9分10秒。在什么支点都没有的情况下，地球以10800千米每小时的速度绕日公转，却从未偏离过自己的运行轨道。光是想想这么快的速度，都会让人觉得眩晕；但同时这个速度也是非常缓慢的，只要稍微想想，就会对此有个大体的概念。地球在公转的同时也在进行周期为24小时的自转，正是因为它的自转，才出现了昼夜交替的现象。相对于地球的公转轨道来说，它的自转轨道并不是水平的，地轴始终保持倾斜，而且斜度不变，即地轴的方向始终如一，也就是说，无论地球运行到公转轨道上的什么位置，地轴所指的方向都一样。

　　图9向我们展示了地球公转轨道上四个最主要的位置。A点的日期是6月21日，夏天来了；B点的日期是9月22日，秋天到了；C点的日期是12月21日，冬天降临；D点的日期是3月20日，春天出现了。当地球运行于A点和B点之间时，就是夏天；运行于B点和C点之间时，就是秋天；运行于C点和D点之间时，就是冬天；运行于D点和A点之间时，就是春天。在这里，还需特别注意一点，那就是地轴在四个位置上指的方向是一样

的。由于地球的自转和公转使地球与太阳之间的相对位置发生了变化，于是产生了四季的变换。

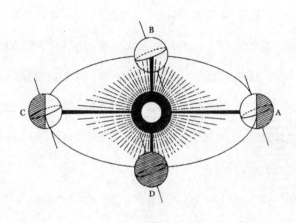

图9

　　假设现在是6月底，这时的太阳升起得最早。在我们生活的地方，太阳在早上4点就会从东方升起，开始自己一天的行程，直到晚上8点太阳才会彻底消失，一天的日照时间长达16小时。正午时，太阳基本上就在我们头顶的正上方，所以尽量向上看就能看到它。不过这时的太阳是十分耀眼且十分热的！太阳光几乎笼罩着整个大气层，它的热气也渗进大地。在这个季节，我们会拥有最长的白天和最短的夜晚，白天有16个小时，夜晚有8个小时。再向北一点点，白天时间变长，夜晚时间变短。在有些地方，可能凌晨2点太阳就升起来，而到晚上10点才落下去；还有些地方，凌晨1点太阳就爬起来了，半夜11点才落下去；甚至有些地方太阳几乎一直照射，太阳还未消失在地平线又马上升了起来；离北极很近的地方是没有黑夜的，在那里，你会看到太阳从不落山，晚上和白天一样亮，而在北极圈，太阳有时连续几周甚至几个月都不会落到地平线下，到了晚上依然可以像白天一样看到太阳。

向南走，或者说向相反的方向走，你看到的景象是完全相反的：太阳不怎么刺眼，温度也不高，白天的时间很短，晚上的时间很长；在南极附近，只有黑夜，没有白天。由此可知，在6月末，南北半球的白天和黑夜的时间是完全相反的：北半球阳光刺眼，温度很高，昼长夜短，在北极地区会出现持续的日照；南半球阳光微弱，温度很低，昼短夜长，在南极地区不会出现日照。

很好解释为什么南北半球的光照强度、日照时间不一样。图10向我们展示的是地球到达图9中的A点（即6月21日）时与太阳的相对位置，图中的平行线表示的是太阳的光线。我们在这里没有画出太阳，因为要是按照正确的比例画太阳的话，它应该与地球相距300米，这根本没法在本书中呈现，所以我们就用这些线来代表太阳，地球在绕地轴转动的同时，也受到了太阳光的照射。

地球的公转轨道与地轴之间存在一定的倾斜度，我之前已经讲过这一点，而且从本书的插图上也能将此看得十分清楚。从图9中可以看出，太阳光每次照射都只能照到球体面积的一半，另外一半是无法受到阳光的照射的。因此，当地球被阳光照到的这一半是白天时，另一半肯定就是黑夜。图9中地球的阴影部分表示的就是无法受到阳光照射的地方。对着太阳的白色部分表示白天，另一半的阴影部分则表示黑夜。如图10所示，因为地轴有一定的斜度，所以此时昼夜的分界线穿过了北极的右侧和南极的左侧，而没有经过两极。现在先想象一下地球在进行自转，地球表面的每一个点（除极点之外）都会绕着地轴旋转，而且距离极点越近，运行轨道就越短。现在，对于地球的自转你们应该大体上知道是怎么回事了吧？不过依然觉得这一切都十分神秘，是吧？

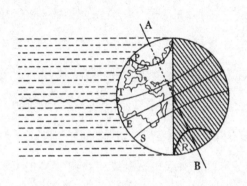

图10

如果你现在能够在脑海中对地球自转的现象进行想象，那就非常简单了。只要明白了地球自转的道理，就可以很自然地从图10中看出：在地球自转一周的过程中，北极和P圈（与昼夜的分界线相切）之间的部分无时无刻不在阳光的照射下；与此相对，南极和R圈之间的部分，在此过程中一直没有受到阳光的照射，所以这部分始终处于黑暗之中。我们把图10中的P圈叫作北极圈，在6月21日，这里没有黑夜。

现在，我们接着往下看图中的T圈，如果地球正在自转，那么在这个圈上开始能够受到阳光照射的那些点，随着地球的自转就会转到黑夜区域，即受不到阳光照射的区域。这个圈上的点也会经历昼夜交替。从图10中我们还可以看出，白天的时间始终比黑夜的长，因为能够受到阳光照射的部分大于不能受到阳光照射的部分。所以，这个圈上的点昼长大于夜长。图中T圈与北极圈之间的部分，离北极越近，昼越长，夜越短；T圈和E圈（即赤道）之间的部分，离E圈越近，昼越短，夜越长。认真看图，就能理解上面讲的内容了。同样，通过看图，我们还可以发现赤道上黑的和白的各占一半，也就是说赤道上的每一个点，昼夜长短是一样的，都是12小时。

当北半球昼长夜短时，南半球的情况怎样呢？看图10就知道了。从图中我们可以看出，越往南，昼越短，夜越长，因为白色的部分在逐渐缩小，阴影部分在逐渐扩大。同时，南极附近的地方都属于阴影部分，地球自转时，这一区域转不到可以受到阳光照射的地方，所以这里24小时都是黑夜。因此，这部分区域在6月21日是极夜。我们把图中的R圈叫作南极圈。

因为太阳光照射到地面的角度不同，所以产生的热量也不同，与斜射相比，直射产生的热量更多。能够受到太阳直射的地方温度很高，而受到太阳斜射的地方相对来说温度会低一些。这个道理很容易理解，就和我们用火炉取暖是一样的。取暖时，我们把手放在火炉的正上方，这样能够感受到最多的热量，如同受到太阳直射一般；当把手从火炉的正上方移开一点时，感受到的热量就有所减少，温度也没有那么高了，如同受到太阳斜射一般。虽然整个地球都暴露在太阳光下了，但是不同的地方接收到的太阳光也是不一样的。有些地方能够被太阳直射，而有些地方则不能。因此，地球上各个地方在同一个时间的温度也不尽相同。有些地方是酷暑时，另一些地方正好是寒冬。

如果知道哪个地方在6月21日能够受到太阳直射，就知道哪个地方是最热的了。我在前面讲过的铅垂线你们还记得吧，就是与地球表面垂直的线，如果延长铅垂线，它一定会从地球的球心通过。在图10中，太阳光直射T点，要是延长太阳光线，它一定会经过球心，像这种与地球表面垂直的光线就叫作直射光线。假如有人站在T点，就一定能感受到一股强烈的热量。这里的太阳光是最强的，T圈上所有的点都能在正午时受到太阳光直射。我们把T圈称作北回归线，在6月21日，北回归线上的任何一个点都能受到太阳直射。

在6月21日，只有北回归线上的点才能受到太阳直射，也就是说，只有射到北回归线上的太阳光线在延长后才能够通过地球的球心，而射到别的地方的太阳光线都是斜的。同时，在北回归线的南北两边，距离北回归线越远，光线的倾斜度就越大，相应地，自然温度也就越低。法国差不多是在北回归线和北极圈的中间，虽然在6月21日这天太阳光线不是垂直的，但是也已经比任何时候都更接近于垂直，这天的太阳是一年中升得最高的。

过了6个月，到了12月下旬，冬天来了。会发生怎样的转变呢？这时，要想看到太阳就不用把头抬那么高了，只要稍微抬起来一点，再往前看，差不多就能在正前方看到太阳了。你会发现，太阳不再耀眼，而且产生的热量似乎也不高了！这是怎么回事？是它距离地球更远了吗？还是太阳的火在渐渐熄灭？都不是。太阳的光依然那么强烈，产生的热量也和6个月前一样，地球接收到的热量也没有发生变化。同时，太阳与地球之间的距离不仅没有变远，反而还变得更近了。此外，你们有没有发现，白天变得特别短了？太阳在早晨8点才会升起，却会在下午4点落下去。这时白天的时间变成了8小时，而晚上则有16小时，与6月份的时候刚好完全相反。越往北，晚上的时间越长，甚至可以达到18小时、20小时、22小时，白天的时间相应地变短，甚至只有6小时、4小时、2小时。到了北极附近，因为不能受到太阳照射，而只剩下黑夜了，中午和夜晚没有什么区别。

看看图11，你们就更清楚了。图11向我们展示的是地球在12月21日受到太阳光照射的情况，即地球运行到图9中C点时的情况。此时，地球已经绕着太阳转了大半圈，而地轴的倾斜度还和开始时一样，并没有发生任何改变。不过，因为地球已经运行到公转轨道的另一端，太阳跑到地球的右边了，所以这时的太阳光是从与图10中相反的方向射到地球表面上的。我们很快就可以看出：在北极圈以北没有白天，都是黑夜，而在北半球的所有地方夜都比昼长，且越往北，夜越长。此外，赤道上依然是昼夜均分的；而在南半球，昼比夜长，南极圈以南的地方都是白天。

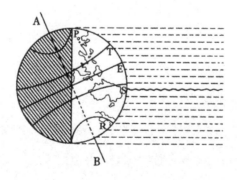

图11

你还可以看到，太阳光线是直射到S点的，因此，在地球自转的过程中，太阳光会直射到S点所在的圈上；离这个圈越远，光线的倾斜度就越大。我们把S圈叫作南回归线，在12月21日，南回归线上的任何一点都能受到太阳直射。

简单地对上述内容进行总结：6月21日，北半球温度很高，白天很长，而南半球温度很低，白天很短；12月21日，南半球温度很高，白天很长，而北半球温度很低，白天很短。

在地球公转轨道上A点到C点的轨迹中（图9），除了我们已经讨论过的两个位置之外，它还经过这两点中间的位置，即B点或D点。在地球位置不断变化的过程中，昼夜的分界线会渐渐远离或接近相对的极点，这会改变昼夜的时间，也会改变太阳光线的倾斜度。9月22日，地球运行到B点。这时，太阳直射赤道，因此昼夜的分界线正好经过两极，每个地方的昼夜时间都是均等的，即各占12小时。3月20日，地球运行到D点，整个地球也是昼夜等长的，即各占12小时。我们把9月22日称作秋分，把3月20日称作春分。"分"在这里指的是整个地球昼夜平分。

我们还把6月21日称作夏至，把12月21日称作冬至。"至"是指这一天的太阳处在最高的位置。在北半球，6月21日这天，太阳到达最高点，之后就开始向南半球移动；在南半球，12月21日这天会出现同样的情况，之后就开始向北半球移动，然后重新开始下一轮的运行。当然，太阳之所以出现上升和下落，只是由于地球的自转。

因为太阳光线的分布并不均匀，所以我们将地球分为5个区域或环，并将其称作带。赤道经过的地方就是热带，这一区域还包含了南、北回归线之间的部分。在热带，中午的时候，太阳通常会处于最高点或者在最高点附近，而太阳光线通常会垂直照射到地面，因此热带地区的温度都非常高。在赤道上，全年昼夜等长，没有明显的季节变化。尽管与白天的温度相比夜里的会略低，但是因为每天接收到太阳光照的时间都很长，吸收的热量非常多，所以一年四季的温度没有很大的变化。

这些地区长年都能照到阳光，四季皆夏，处处花团锦簇。我们可以在这些地方看到成片的树干高大粗壮的棕榈树，树上繁盛的叶子如同撑开的伞一般，将周围矮小的灌木都罩在里面；还可以看到大片的争奇斗艳的鲜花，在我们寒冷的国度，只有在温室里才能见到这样的鲜花。这里鸟儿的种类多种多样，甚至比花儿还多，它们那色彩斑斓的羽毛，十分绚烂，简直可以与稀有金属及昂贵的宝石媲美。不仅如此，我们好像还隐约可以从蜂鸟的鸣声中看见绚丽的绿宝石、红宝石以及金属发出的光芒。在这里，大象可以随意在大地上行走，与其他巨型动物一样，即使它只迈出一小步都有可能会使地面发生震动；还可以听到老虎、狮子、黑豹因饥饿而发出的嘶吼声；还可以看到体型巨大的爬行动物，如蜥蜴、蛇，在密密麻麻的草地上挖洞，到最后可能还会将树木连根拔起。在这样一个由动植物主宰的地方，人类往往显得很渺小。这里的气候并不宜人，在烈日的直接照射下，人们都懒洋洋的。这里不适合运动，也不适合思考。

热带两边是南、北温带，位于北回归线和北极圈之间的是北温带，位于南回归线和南极圈之间的是南温带。太阳不能垂直照射到温带，因此这些区域受到的太阳光都是斜照过来的，只不过夏天阳光的倾斜度没有冬天的大，所以温带的温度与热带相比要低一些。在每个温带，当地与赤道的距离决定了一年中日照时间最长的一天的昼长——从14到24小时不等。

在昼长夜短的季节，由于短暂的夜晚不能完全耗尽白天吸收的热量，未消耗的热量就会渐渐累积下来，所以离夏天越近，温度就变得越高。不过，随着冬天的逼近，情况就完全相反了，白天越来越短，夜晚越来越长。由于夜晚时间长了，温度就会降很多，使得白天的温度也跟着慢慢下降。我们可以从以上两个原因得知：因为太阳光线的倾斜度不同，昼夜长短也不同，温带区域最热和最冷季节的温度差异很大。

季节的划分就是因为这种不同才产生的：春天百花盛开，微风习习；夏天的稻田变成了金黄色；秋天是丰收的季节；到了冬天，植物开始休眠。尽管温带的物产不如热带的丰盛，种类也没有那么多，但是对于我们而言价值却更高。葡萄、小麦以及最有价值的家禽都适宜在温带生存。与温带地区的其他国家一样，法国也被认为是最适合人类居住的地方。

在南、北极圈和两极点之间还有两个地带，被称作寒带。与其他地带相比，太阳光线在寒带的倾斜度以及昼夜的时间差都要更大些。在北极圈上，白天最长达24小时；在南极圈上，夜晚最长也达24小时。从北极圈往北，白天越来越长，到了北极点，将有半年时间都是白天；从南极圈往南，夜晚也越来越长，到了南极点，将有半年时间都是夜晚。因为在南、北极点太阳光线都有6个月是不会被挡住的，而另外6个月，太阳光线则完全照不到那里，所以在两极，昼夜各为半年。在那些白天很长的时期，太阳从不落山，在半夜也可以看见太阳。这样的日子在有些地方会出现好几天，在有些地方可能会持续几周，甚至会长达几个月。就算太阳光线没有那么强烈，长时间如此也会让人觉得无法忍受。航海家们已经发现：有些隐蔽海湾的船上的焦油，由于受到太阳的持续照射，已经融化消散了。

但是，到了冬天，这里就变成24小时都是黑夜了，而且长达半年都是这样，天气非常寒冷。少数在如此严峻的天气下度过冬天的探险家告诉我们：就连体温计里的水银都被冻结了。换言之，那里的温度低于零下40℃。据说，放在木桶里的发酵酒，如啤酒、葡萄酒等，都变成了冰块；将杯子中的水泼出去，等到落下来时就变成冰块了；从鼻孔里呼出的气，会结成针形的霜；还有要是拿金属块时不太注意，就非常容易伤到皮肤。除了这些之外，海也会结冰，一眼望去，干燥的大地上，到处都是雪和冰。

太阳连续几个星期都不会在地平线上出现，这里只有黑夜，没有白天，中午和夜晚一样暗。不过要是天晴了，也不全都是黑的，因为还有月亮和星星，在白雪的反射下，发出的光足以照明。此外，在绚烂的北极光的影响下，北极的天空还会不时地发出光芒。极光是来自地球磁层或太阳的高能带电粒子流（太阳风）使高层大气分子或原子激发（或电离）而产生的现象，如同大烟花一般。生活在这些荒凉地区的人类，在狗拉雪橇的帮助下，会去捕捉那些长着白色厚皮毛的动物，这是当地非常重要的商业活动。

生活在这种恶劣气候下的人类将自己的大部分时间都用来打猎和捕鱼。打猎是为了获得御寒的毛皮，捕鱼是为了填饱肚子。在我们看来，有臭味的鲸油，半腐烂的干鱼，都是很恶心的东西，然而这些却是他们的三餐。他们通过捕鱼还能获得鱼骨、鲸蜡片等燃料。实际上，在这里基本上没有树木可以生存，无论树干有多么坚固，都无法抵挡如此恶劣的冬天。在很北的拉普兰，只长着矮小的灌木丛和大麦这种坚强的农作物。在拉普兰以北，就连灌木丛都无法生长了，只能在隐蔽的岩石缝里看到稀疏的杂草在生长，播撒种子。再往北，即便是在夏天也很少能看到一整片融化掉的雪，在那里冰雪几乎覆盖了整片土地，植物是无法生存的。

第六章　地球的两极

在装有半杯水的杯子上牢牢地拴上一根绳子，然后按照图12那样，将其绕着圈甩起来。在这种情况下，杯子有时是斜着的，有时是倒着的，不过只要甩得够快，无论杯子转到什么位置，里面的水就像受到什么压力一样，紧紧压着杯底，一点都不会洒出来。但是，假如杯子脱离了原来的轨道，在某个倾斜或倒着的位置稍稍停留，那么水肯定会洒出来。因此可以说，杯子里的水之所以一直压着杯底，不会洒出来，就是因为正在进行这种快速的旋转运动。

图12

在一根绳子的一端系上一块石头，然后也让它快速旋转起来，当转速逐渐加快时，你能感觉到绳子绷得越来越紧吗？在确保没有人在旁边的情况下，可以让它转得再快一点。当速度加快到一定程度时，你会听到砰的一声，石头飞出去了，绳子也断了。在快速旋转的过程中，石头为了脱离你的手所划的圈，会用力拉住绳子，就是这个拉力使得绳子被拉伸了。当拉力足够大时，就会超越绳子所能承受的极限，于是绳子就断了。同理，任何物体在绕着某个中心进行圆周运动时都会受到推力的作用，迫使它脱离现在的运动轨迹。这个推力就是离心力。随着物体运动速度的增加，离心力也会增加。压住杯子里的水的也是这个离心力，所以当杯子转到倒着或倾斜的位置时，水不会洒出来。同样，把系在绳子上的石头往外推的也是离心力，最后，当速度太快时，绳子受到的力超过了极限，于是就断了。

绕自身转轴转动的球体在离心力的作用下会发生形变：如果球体很软，它就可能无法承受来自外界的压力，于是就会在赤道处膨胀，这样一来，两极自然就会变平。我们可以用实验对这一结论进行验证，但是很难找到一个柔软度适宜的球体，不过这个问题完全可以克服，现在我来向你们做出解释。把油倒进水里，油会在水面上漂浮，而把酒精倒进水里，酒精却会沉下去。这是因为与水相比，油比较轻，酒精比较重。不过如果按照一定的比例把水和酒精混合，那么油就会在这种混合液体的中间悬浮，而如果油的数量够多，它就会变成完美的球体，大小和苹果一样。如图13所示。

图13　　　　　　　图14

　　这油滴由周围的液体产生的一股向上的力支撑着，让我们联想到地球也是这样在太空中悬浮着的。现在让我们假设有一根长长的有发条装置的指针从这油滴的中心穿过，然后让油滴绕着指针快速旋转。因轻微碰触产生的摩擦力使得油滴不停转动，直到与指针的运动完全重合。这时我们会发现，油滴的两端（两极），也就是指针刺穿的两个地方开始变得有点平，而中间的地方（赤道）开始向外膨胀。如图14所示。此外，油滴转动的速度越快，两极和赤道形变得就越严重。如果换成一种十分坚固的物质，就不会出现这样的情况，因为硬度强的物体完全能够承受离心力，除非离心力大到令我们难以想象。

　　为什么绕着自身的轴转动的液体球会变形呢？这个解释起来很容易。赤道附近的地方因为运动轨迹最长，所以转动得最快，而两极附近的地方运动轨迹最短，所以转动得最慢。因此，离心力的作用在赤道附近最强，在两极附近最弱。赤道附近地区由于受到离心力的作用，被迫转更大的圈，于是它的运动轨迹就会向外延伸，这样一来，自然就会产生一些空隙，而要想填补这些空隙就只能利用它附近的物质；所以，两极地区由于受到的离心力的作用最弱，就会向里凹陷。

的确，地球与油滴不同，并非完全由液体组成。但是海洋占了地球表面的71%，所以刚刚讲的离心力同样适用于地球的海洋部分。因此，我们能够理解，由于地球的自转，海洋部分失去了原来的形状，赤道膨胀，两极变平，然后由于离心力的作用，保持在一定的位置。

经过精确的计算，我们发现不仅海洋部分会发生这样的变化，地球表面的固体部分——陆地，也会产生这样的形变。也就是说，整个地球就是一个两极扁平、中间膨胀的球体。就好像地球在很久以前就是完全由液体组成的，之后因为长期受到离心力的作用，发生了扭曲，所以才变成了现在的形状。

让我们来看看，这个显著的事实是怎样被证明的。物体因地球引力的作用而掉落下来，不过由于物体离地心的距离不同，所以力的大小也不同。物体离地心越近，地球引力就越大；离地心越远，地球引力就越小。因为发现了这个定律，牛顿成了举世闻名的科学家。地球的半径就是地球表面的物体与地心的距离，地球表面的物体进行自由落体运动时，第一秒会走过4.9米。假如物体从相当于地球半径2倍的地方下落，它的速度就变成了地球表面物体下落速度的1/4，即物体在第一秒只走了4.9米乘以1/4，也就是1.225米。假如把物体放在与地心距离相当于地球半径的3倍、4倍、5倍高的地方，那么它在第一秒就只走了4.9米的1/9、1/16、1/25。

这就是牛顿发现的引力定律，简单地说，即引力与距离的平方成反比。

因此，石头从平原上落下来会比从高山上落下来速度更快，因为与高山相比，平原更接近地心。可以用实验对此加以证明，不过处理起来比较难，因为平原与高山之间的距离差相对地球半径而言，完全可以忽略不计。我们可以用另一种方式来证明。

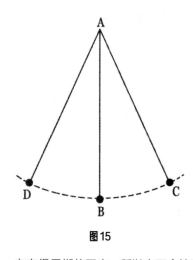

图15

如图15，我们在绳子上系一个铅球。如果在某个地方将绳子的另一端固定住，如图中的A点，那么铅球就会在运动一段时间之后停下来，最后绳子的方向就是垂直的，用直线AB表示。现在把铅球拉到C点，然后松手。这时，如果没用绳子将铅球绑住，它就会垂直掉下去，不过因为现在有绳子绑住了它，所以它不会掉下去，倒是会因悬挂点方向的引力作用而以悬挂点为中心沿着弧线CD运动。铅球会先到达B点，然后继续沿着弧线CD运动，并最终到达D点。之后，它又开始下滑回到B点，再上升到C点或与C点接近的地方，重新向D点运动。就这样，这个铅球会一直来回运动，直到因受到空气阻力的阻碍而停下。如果准确地选好了A点的位置，这个铅球是不会停下的。

上面这种运动就叫摆动，而由铅球和绳子组成的装置，就叫钟摆。钟摆之所以会摆动，也是因为受到了地球引力的作用。摆动过程中钟摆的长度保持不变，而铅球的每一次掉落都受到绳子的阻碍，于是，摆动速度就会随着受到的地球引力的增大而加快，这样一来，摆动才可以正常进行。也就是说，钟摆离地心越近，摆动的速度就越快。同理，要是将钟摆放在离地心比较远的地方，也就是地球引力比较小的地方，那么它的摆动速度就会变慢。实际上，这一实验确实证明了放在平原上的钟摆会比放在高山上的摆得快。因此，如果想研究地球表面的点距离地心的远近是否相同，就只需在这些点上放上钟摆，观察它们的摆速是否一样即可。如果这个地方的钟摆摆得快，那个地方的钟摆摆得慢，就表示这个地方离地心更近。

假设有一个观察者在赤道和两极之间的海平面上选了几个点，而且这几个点之间的距离相同，然后他把同一个钟摆依次放在这几个点上，并细数钟摆的摆动次数。结果发现，钟摆在赤道上一小时摆动4000次，在赤道以北的某个地方摆动4001次，再往北一点变成了4002次，继续往北变成了4003次，然后再往北变成了4004次。假设在我们这里钟摆的摆动次数是4008次，到了北极附近则变成了4012次。很显然，在相同时间内，钟摆摆动的次数越多，说明它摆动的速度越快。我们从上面的数字中可以看出，钟摆在北极附近摆动的次数比在赤道上的多，说明钟摆在北极附近摆动得更快，这就证明了赤道的地球引力没有北极的地球引力大。也就是说，与赤道相比，北极更接近球心。由此可知，地球肯定是一个两极扁平、中间膨胀的球体，无论是陆地部分还是海洋部分。所以，地球表面的固体部分在最初的时候极有可能就是液体，这才会在离心力的作用下发生形变，最终形成现在的形状，就和我们在上面的实验中描述的发生形变的油滴一样。

钟摆实验告诉我们的事实是多么令人感到惊奇啊！那些构成陆地框架的巨石，那些形成坚固地壳的岩石，还有那些能使铁具钝化的花岗岩石，在最初的某个时期，居然是流体状的，如同被熔化在炼铁炉里的铁一般。现在巍然耸立的高山，以前极有可能是海洋里的液体矿物质的组成部分。就像钟摆实验证明的那样，只有在地球以前完全是液体的情况下，才能对地球整体发生形变这一事实做出解释。

但是，你也许会问，钟摆实验证明的这些是真的吗？观察员确定没有数错钟摆摆动的次数吗？这肯定是不会错的，因为像这种观察都进行得非常严密。而且，在规定的时间内，钟摆越靠近两极，摆动速度就会越快，这已经成为既定的事实。就算用钟进行实验，得到的结果也是不会有什么变化的。钟是一种非常复杂的装置，它有很多不同的能够使指针绕着转盘转的齿轮，它的动力来源于发条装置，也就是一根弹簧或者一个砝码。为了防止钟走得太快或太慢，以保证它的准确性，在每一个钟里都安装了一个确保时钟按固定的速率来回摆动的非常重要的零件，以使其维持规律运作。对钟摆钟而言，钟摆就是它的校准器，钟摆摆动得越快，钟就走得越快，指针也会走得越快；反之亦然。

现在，我们知道，钟摆时钟具有极高的准确率，它们无一例外地在两极走得很快，在赤道及其附近地区走得很慢。人们在17世纪时第一次发现了这个定律，这个定律在当时引起了极大的轰动。有人问：是什么神秘的机制让它在两极快起来，却在赤道附近慢下来呢？牛顿在破解苹果落地的秘密的同时，也解开了这里的奥秘：钟在两极走得快，是因为这里的地球引力比较大；钟在赤道附近走得慢，是因为这里的地球引力比较小。由此，我们可以对地球的形状进行推断，即它就是一个两极扁平、赤道膨胀的扁球体。

除了钟摆实验之外，我们还能找到别的更加直接的证据来对此加以证明。在不同的时代，人们都会采用大量的几何测量措施，现在的测量单位是米。通过大量的测量，人们发现钟摆实验得出的结论是对的，地球确实发生了形变，而且还可以将它的形变测量出来。如果我们将赤道圈的半径（即赤道上的点与地心的距离）等分为300份，那么两极圈半径的大小只相当其中的299份。也就是说，赤道到地心的距离比两极与地心的距离多20千米，这比最高山脉的海拔高度的两倍还多。不过，与地球庞大的体积相比，20千米完全可以忽略不计，它不会使地球的形状发生任何改变。如果将地球表示为一个直径是2米的球体，按照同一比例，20千米就相当于这个球上的3毫米，也就是说这个球也只扁了3毫米，这点距离与2米比起来，真的可以忽略了。

更准确地说，实际上，地球的赤道半径约为6377千米，极半径约为6356千米，二者之间相差21千米。

第七章　地球内部

现在我要带你们去探索我们脚下几千米的地方，也就是地球的内部。什么？我们在地球内部可以探索到什么呢？会在不经意间发现金属的秘密吗？能看到坚固的岩石缝里的金子吗？或者看看铁、铜、锡是怎样形成的？也可以目睹发出耀眼光芒的宝石？还可以对蓝宝石、红宝石和钻石的形成和保存过程进行探索？据说，在地球的内部蕴藏着数不尽的宝藏。

不，我不是要告诉你们金银来自哪里，也不是要告诉你们在哪里可以找到宝石库，而是要告诉你们地球内部的结构是怎样的。我们要进行的不是地下旅程，在这里没有无价金属也没有宝石，但是有更好的东西，那就是地球内部的建筑概念以及对伟大的建筑师产生的敬佩之情。

人类为了挖掘矿产资源所到达的最深的深度，与地球表面和地心的距离比起来，完全可以忽略不计。人类开采出来的矿坑也仅停留在地球表面，要想通过这些矿坑探索地球的内部结构是根本无法实现的。我们不能进入地球的内部，所以无法用肉眼直接对其进行观察。不过，我们可以利用我们的聪明才智，借助一个十分简单的装置发现地球内部的许多秘密。

这种装置就是钟摆，钟摆的摆动告诉我们：由于离心力的作用，它在有些地方摆动得快，在有些地方摆动得慢，并且也是在这个力的作用下，地球的两极凹了进去，赤道却向外膨胀了。同样，单摆的实验也能告诉我们地球内部的组成物质究竟是什么，为什么矿工很难深入进去。

单摆之所以会摆动是因为受到了地球引力的作用。每一个地球内部的分子都对这个引力的形成做出了贡献。不光是离单摆近的物质吸引着它，促使它发生摆动，就连地球深层的物质也对单摆产生了作用。实际上，就是在地球内部所有物质的共同作用下才产生了这个引力。如果地球内部的物质变成现在的2倍、3倍，甚至4倍那么多，作用在钟摆上的引力也会变成原来的2倍、3倍甚至4倍，这样一来，钟摆摆动的速度就会变得非常快。在钟摆的长度没有发生改变的情况下，地球内部物质的质量决定着它摆动的速度。

因此，完成单摆实验后，我们可以通过非常复杂的计算，得出地球内部物质的质量。我们通过计算发现，如果将包括水、空气、金属、石头以及各种矿物质在内的组成地球内部结构的物质全部混合在一起，那么这种混合物的质量为5.5千克每立方分米。这里面含有空气1.03克；含有水1千克；而建筑石材、大理石、花岗岩、各种土壤，以及其他组成地球外壳的物质，一共只占了2千克到3千克。因此，与组成地球表层的物质相比，其深层的物质一定更重一些，否则是无法使混合物的质量达到5.5千克每立方分米的。因此，我们可以从钟摆实验中得出这样一个结论：地球内部的组成物质的质量非常大，而且极有可能都具有金属性。

我们还可以从另一个很简单的实验中学到更多。首先将少量某种非常重的液体倒入瓶子里，比如汞（即水银），要是没有汞也可以用一些很小的金属弹珠代替，只要它们在瓶子里能够自由活动就行。再往瓶子里倒入等量的水，然后倒入等量的油。同时，还要在瓶子的顶部留出一点空间。现在，我们用软木塞将瓶口塞住，再慢慢摇晃它。如果一直不停地摇晃，瓶里的汞（金属）、水、油、空气4种物质就会彻底混合在一起，直至无法将它们分辨出来。可是当你停止摇晃时，瓶里的物质就会慢慢地出现分层，4种物质相互分离，层次十分鲜明。在这4种物质中，最重的是金属，所以它沉到了瓶底；它的上面是水，因为水轻于金属，重于油和空气；水的上面是油；位于最上层一直充满到瓶口处的是空气，因为它在4种物质中是最轻的。也就是说，这4种充分混合在一起的物质，一旦处于静止状态，就会恢复原来的层次，各种物质之间的界线非常鲜明，它们根据相对质量的大小，各自占据了属于自己的位置，最重的在瓶底，最轻的到了瓶口。

虽然这条定律很简单，但是至关重要。这条基本定律说明，地球外部以及内部物质都是按照质量的大小进行排列的。在地球外部，处在最上层的就是空气，然后是地球表面的无限大的海洋，再下面的是土地，支撑着所有的海洋和地表的一切物质。地球内部物质的组成结构也是一样的，就像钟摆实验告诉我们的，组成地球内部结构的物质比组成地球表面的物质的质量大，而且越深的地方，质量越大，也就是离地心越近越重。

空气、水等流动性物质会按照质量的大小进行排列，这一点非常容易理解，但是岩石、矿物质等组成地球内部的物质为什么也会遵循同样的定律呢？为什么那些地球表面的物质没有我们脚下几十千米地方的物质重呢？我们可以用实验中4种物质的分层现象对其进行解释吗？我们可以认为组成地球的所有物质最初都是能够流动的吗？地球是天炉喷射出来的巨大金属球吗？哪个人知道呢！让我们做进一步的研究吧。

一年四季温度的变化，只有在地球表面才可以感受到。到了地表以下一点点的地方，夏天和冬天的温度没什么不同。在地表，当由夏天转为冬天时，温度大概会下降20℃～40℃，乃至更多；但是在地表以下几米的地方，全年的温度都一样。这个温度相当于地表上夏天和冬天的中间温度；更确切地说，是夏天和冬天的平均温度。

我们是这样定义一个地方的平均温度的：假如一个地方每年接收的热量不论在哪个季节都是平均分配的，那么把这些热量平均分配到一年中的每一天（即365天），所得的结果就是该地这一年的平均温度。而把一天中的最高温与最低温相加再除以2，得到的就是一天的平均温度。法国南方的平均温度是14℃～15℃，北方的是10℃～11℃。某个地方地表以下20米的温度与这个地方地表一年的平均温度相同。

继续向地球内部深入，我们可以发现，往平均温度层以下，每深入20～30米，温度就会上升1℃。世界上的每个地方都一样，无论是什么气候，越往下温度越高。不过，平均温度层在各个地方的厚度都是不同的，所以要找到温度升高的地方的深度也不同。而平均温度层的厚度之所以存在差别，就是因为不同地方的土壤性质不同，这一点是确凿无疑的。像这样的例子多得难以计数，我们现在只讲几个比较典型的。

在对英国兰杜寇斯矿区地表下421米的地方进行了长达18个月的观察之后，人们发现那里的温度一直保持在24℃，而这个矿区的地表温度是10℃，也就是说每向地下深入30米，温度就会升高1℃。在纽卡斯尔一处油井下483米深的地方，温度与地表相比要高出14℃，也就是说每向地下深入34米，温度会升高1℃。此外，在诺森伯尔的油井测得的结果显示，每向地下深入24米，温度会升高1℃。目前全世界最深的矿井是位于地表下1151米处的波西米亚的卡特穆伯格，这里的温度达到了40℃。这是只有在热带地区才会出现的温度，我们国家哪怕是在最热的时候，也达不到这个温度。因此，如同在地表的冬天有着令人难以抵抗的严寒一般，在赤道附近矿区的最深处也有着令人难以忍受的酷热。哪怕托斯卡纳的蒙特马斯矿区并不深，却依然有着极高的温度，在不到地下370米的地方，温度就已经是42℃了。这些例子全都说明了一个规律，同时反映了这样一个事实：地球的内部温度非常高，就像一个巨大的火炉。很明显，矿区底部的热量表明该地就在某处巨大的地火附近。

人工喷泉、温泉以及钻井也对这个道理进行了说明。钻井指的是利用钻孔机挖出的圆柱形的非常深的洞。钻孔机是一种坚硬的铁棒，带有螺纹钻头，可以用来穿过土地表层和岩石的底层，直至深入到与附近的湖或水流相接的地下水源，这时，地下水就会涌出地表，这时水的温度就表明了在地球内部有地热的渗透。

巴黎的格纳尔喷井是这些钻井中最为出名的，它的深度为547米，井中喷出的水的温度始终保持在28℃。而它附近的普通喷井喷出来的水的温度只有10℃，这也是当地的平均温度。换言之，到了地下547米深的地方，温度与地表相比上升了18℃，也就是说每向地下深入30米，温度会升高1℃。帕斯喷井距离格格纳尔喷井约有4千米，那里的深度为586米，井中喷出的水的温度大约是28℃。西伐利亚的纽·萨沃瑞克喷井的深度为622米，井中喷出的水的温度是32℃。蒙多夫位于法国和卢森堡的边界，井深为700米，井中喷出的水的温度是35℃。将相应的深度所达到的温度进行对比，有些地方的地下温泉的水温更高。诺优芬喷井的深度为385米，井中喷出的水的温度却达到了39℃。这些例子都说明，在地球内部有使地表下的泉水温度上升的某种热量。而且温度的上升是有规律可循的，即每向地下深入三四十米，温度会升高1℃。

我们都知道，很多到达地面的自然泉水都具有非常高的温度，有的甚至几乎达到了水的沸点。人们将这些泉水称作温泉，这也反过来证明了：泉眼处的水温非常高，所以它们才能够保证在地面上的温度。在查德斯·艾格和康塔尔的维克有法国最有名的温泉。这些温泉的水都几乎达到了沸腾的状态，不过比起间歇泉，这根本算不上什么。

大西洋的最北部有一个孤岛，处在与北极圈接壤的地方。这个孤岛在东西向上与两片陆地相连。它就是气候非常寒冷的冰岛。那里几乎全年都会下雪，能够见到太阳的时候很少，一年中白天最短的时候，日照时间仅为1小时。但是，却可以在冰雪之中看见一处奇特的因受到地球内部高温影响而产生的景观。到了冬天，整个岛上处处是雪，而此时却有一个火炉正在地下燃烧，并时不时地将热水喷向空中。这样的间歇泉在方圆6000多米的地方一共有100多个。其中，从直径为14～16米的大盆地里喷射出来的大间歇泉是最有名的。这个盆地位于一座雪白的小山丘的顶部，这座小山丘是由喷出的水结冰形成的。盆地就像一个漏斗，内部很窄，一直延伸到很深的地方。

每次间歇泉喷发之前，地面都会产生强烈的震动，同时伴以如同地下炮火爆炸一般发出的沉闷的声音，并且随着爆炸变得越来越猛烈，地面的震动也会变得越来越强烈。从火山口喷出的水直冲而上，将整个盆地都填满了，没过多长时间，就形成了冒烟的水柱，好像有一把无形的火一直在给它加热，水的温度很快接近了沸点，如同锅炉里猛烈翻腾着的水一般。在盘旋而上的蒸汽中藏匿着的水柱越来越高，同时还有大量气泡冒出来。突然，间歇泉将最大的力量爆发出来了：大爆炸发生了，16米高的水柱直接冲向60米高的高空，然后直泻而下，透过热腾腾的水蒸气，水珠向四面八方涌去，如同一场盛大的热水淋浴。这样的喷发维持的时间只有几分钟。之后，水柱坠落下来，喷出盆地的水又流向出水口深处，取而代之的是冲向蓝天的势不可当的蒸汽柱，同时伴以一阵雷鸣般的声音，不断地对阻挡它前进的岩石发动冲击，这些岩石有的落到了出水口，有的摔得粉碎。盘旋的蒸汽充斥在每一个角落，最后间歇泉终于停了下来，等待下次的爆发。

地球内部的温度非常高，这一点是确凿无疑的，究其来源正是太阳的能量。如同前面所举的例子证实的那样，地表下的深度每向下增加约30米，温度就会升高1℃。让我们来想象一下，地球内部最深处会是什么样的。

如果在地球深处，也是每向下增加约30米温度就会升高1℃的话，那么地下3千米处的温度肯定达到了100℃，也就是水的沸点；而到了地下21千米处，温度将会达到700℃，也就是炽热的铁的温度，这一温度足以将大部分物质熔化；而到了地下41千米处，温度就会达到1772℃，这是铂的熔点，也就是熔化铂这种金属所需要的温度；而在地心处，即地下6400千米的地方，温度将会超过210000℃，这相当于我们目前的机器所能产生的最大热量的100多倍。我们实在想象不出这样高的温度，它简直可以使任何一种物质（包括金属在内）熔化甚至蒸发。

不过，实际上，温度是不可能一直这样升高的。一旦达到可以将所有物质全部熔化的温度，就会使平衡遭到破坏，因此我们可以推断出地球内部最高的温度只能达到2000℃～3000℃，到了地下更深的地方，温度是不会继续升高的。目前还没办法证实温度是不是真的会停止升高，不过这一点并不是最重要的，更值得我们注意的是：在地表之下48千米的地方，温度是否足以将所有的矿物质熔化？

既然这样，我们就可以将地球视作一个内部充满炽热液体物质的球体，这个球体的外壳是用固体材料做成的，而在它的内部则装满了被熔化了的矿物质。进而我们可以想象，具有流动性的液体就是地球最原始的状态。地球表面被冷却的结果就是形成了坚硬的外壳。照这样看，一切就非常容易解释了：赤道的膨胀，两极的凹陷，物质根据相对质量的大小分层，都是因为整个地球的最原始状态是液态的。

第八章 地 震

在第一次看到大自然展示给我们的地球内部的详细结构时，我们都感到十分震惊。一想到脚下有一大片流动的火海在汹涌地翻滚着，我们就觉得毛骨悚然。而承受如此强大的力量的就是地球那一层薄薄的外壳，这一点更加让我们觉得心惊胆战。地球表面距离地心约有6400千米，而地球外壳最厚的地方也只有50千米，炽热的地球内部占据着大部分的空间。

如果将地球表示为一个直径是2米的球体，那么按照正确的比例，这个球体的外壳厚度仅为7毫米。要是表示成像我们常见的地球仪那么大，外壳的厚度就比一张薄纸板还薄。那么，这样薄薄的一层为什么能够承受内部流动的液体混乱而强烈的涌动呢？难道这么脆弱的外壳不会破裂吗？难道它不会因为内部炽热火海的涌动而扩张、瓦解、粉碎吗？如果海水经由某些裂缝进入地球炽热的内部并将那里的空隙填满，会有什么情况发生呢？难道不会产生巨大的水流，使地球表面无法抵抗其施加的压力吗？会不会地基摇动，如同突然打了个冷战一样，某块陆地发生震动，海水溢出，地面裂开，山脉倒塌，悬崖崩裂，将人类吞噬呢？简言之，地震发生了。

我们都听过地震灾害造成的破坏，不过值得庆幸的是，我们生活的地区远离地震灾害多发的地带。因为我们脚下的土地从未坍塌过，所以在我们看来，地球真的是非常安全的坚硬固体。有时，感觉到地面在震动，不过人们会把它当成趣事来讨论：这个人看见家具的位置变了，那个人听到墙上的厨具不停地响。过几天就会忘了，我们对地球信心十足，它绝不可能那么脆弱，那么经不住打击。对我们而言，几乎察觉不到的震动是不会使整个地球的稳定性遭到破坏的。那是不是所有发生过的地震的破坏性都不值一提呢？哎，当然不是，悲惨的事件是经常发生的。

1755年11月1日，发生在葡萄牙首都里斯本的那次地震，是欧洲经历过的很严重的一次地震。当时，整个里斯本非常平静，就和平时一样，一切都井然有序，谁都没想到会发生这么严重的地震灾害，直到地下突然连续传来雷鸣般的响声。之后，整个地面开始剧烈晃动，时上时下，仿佛要翻转过来一样，很快，成堆的死尸堆在地面上，整个城市变成了一片废墟。幸存的人们狂奔在海岸旁宽广的码头上，想要从倒塌的建筑缝隙中找到可以避难的地方。然而，又是一刹那，席卷而来的海浪就吞噬了整个码头，拥挤的人群与在码头停靠的船只无一幸免，甚至连一个遇难者、一片残骸都没有浮到水面上。地面突然裂开了一个大口，将船舶、码头、海水、人们都吞了进去，之后又重新闭合，将被它带走的一切永远地埋葬在地下深处了。然而，这还并未结束，最初退去的海水再次席卷而来，而且海浪比原来高出了15米，淹没了整个城镇。海啸过后，熊熊燃烧的大火开始在废墟中蔓延，这下还未被完全破坏的地方彻底消失了。就在短短的6

分钟内，这场灾难就夺走了6万人的生命。

当里斯本发生地震时，葡萄牙许多高山的根基也摇晃了，出现了裂痕，而且毁坏了山峰。北非的一些国家也有较强的震感。摩洛哥的菲斯地区和梅克内斯还遭受了毁灭性的破坏，突然裂开的无底洞吞噬了一座拥有1万居民的小镇，之后这个洞又突然闭合了。从赤道到北极，差不多在同一时刻都有明显的震感。南非、马提尼克岛、格陵兰岛、整个欧洲，乃至拉普兰最北的地方，都多多少少地遭受了一些灾难性的震动，这样的震动在几分钟内一次接一次的发生。就算是海也没能免于这场灾难。在距离陆地非常遥远的海面上的船舶遇到了强震，如同撞到暗礁一般。由此可见，这场自然灾害的影响波及了海底，震动引起的海浪对航行在海上的船只进行了袭击。

如果你觉得波及范围如此之广、破坏性如此之大的里斯本大地震只是一个特例，那么我会非常遗憾地告诉你，还有许多地震的破坏性跟它是不分伯仲的。

南美洲的加拉加斯在1812年也发生了地震，当时震感十分强烈，如同沸腾的水一般。5秒钟内发生了3次地震，带来的破坏简直就是毁灭性的。第一次地震敲响了教堂的钟，第二次地震使得屋顶全部倒塌了。在第二次地震发生后，就可以预见第三次地震会造成多么大的破坏了。第三次地震发生后，整个小镇完全变了样，1万多居民全部丧生，连尸骨都没留下。

意大利南部从1783年2月开始，连续4年，发生了一系列地震。第一年发生的地震一共有949次，第二年发生了151次。地震的影响范围向南扩大到了那不勒斯，包括西西里岛的大部分地区，破坏最严重的是小镇奥皮多。当时，地面如同风暴袭来时的海面一般剧烈地翻滚着。在这片摇摇晃晃的土地上生活着的不幸的居民，如同坐在颠簸前行的小船上一般，感到一阵阵眩晕。本应只发生在海上的晕船病，竟然在陆地上蔓延开来。在这样不停晃动的地面上站着，好像原本静止的云也突然会动了，这种感觉原本只在海中行驶的晃动剧烈的小船上才会产生。每一次震动席卷大地时，尽管没有风，但是树木却好像要被吹倒似的不停摇晃。

1783年2月5日在地面上发生的第一次震动，在2分钟内，推倒了整座城市、村庄，地面就像被打碎了的格窗玻璃，到处在开裂，就连山都被劈成了两半。大片的土地连同房屋、橄榄园、葡萄园、耕地都滑下了山，滑到了很远的地方，将那里原来的土地盖住了。波利斯坦纳的小镇的地面和几百栋房屋都被冲到了1000米外的深谷里，甚至还有一些小山也被推倒了，其中一部分从山谷的斜面上滑下，被冲到了平原的中部，将河流截断了。

有些地方的土壤没有了支撑，地面凹陷下去，果园、房屋、家禽连同所有的居民都被吞噬了，永远地消失了。还有些地方，地面形成巨型的漏斗状深渊，有的里面填满了移动的沙砾，有的则形成了深不可测的大洞口，不断地有地下水涌入其中，很快就变成了湖。据统计，这样突然在内陆形成的湖泊、池塘、沼泽一共有200多个。有些地区，地表的土壤和从地面破裂的水管中流出的水以及岩石缝里涌出来的地下水混合在一起，形成了泥石流，有的流向了平原，有的填满了峡谷。在这片泥海里，还能看见被毁坏的农舍的屋顶和树冠。

时不时地震动使得地面剧烈地摇晃。高强度的震动使得石板路上的石子飞向了天空。用石头砌成的石井从地下喷射出来，就像拔地而出的小塔一样。当地面隆起，有裂痕出现时，居民、房屋、动物都被吞噬了；之后，随着地面慢慢停止摇晃，裂痕也迅速地闭合了，这时一切都消失了，没有留下任何能够对发生过的一切做出证明的残骸。灾害过后，人们为了寻找有价值的东西而不断地进行挖掘时，发现裂痕两边在闭合的过程中产生了巨大的压力，就像老虎钳一样，在一瞬间两边就紧紧地合上了，因此，被吞没的建筑和房屋的所有陈设都是完整地黏合在一起的。

多洛米厄是法国的一位科学家，他在震后对这个不幸的国家进行了考察，他告诉了我们自己在西西里和卡拉布里亚目睹的惨状。他说，远远看去，墨西拿还保持着它那古老的辉煌。尽管房屋都被毁了，但是城墙始终屹立不倒。所有的人都选择在小镇附近的木板房里避难。看到如此凄凉、空旷的一个小镇，人们也许会认为毁掉它的是一场瘟疫。

他又补充道："但是当我去到卡拉布里亚，看见博尔多纳罗时，我一下子就失去了意识，完全不敢相信竟会是这样的惨状。我觉得非常可怕，我也感到非常悲伤。这简直就是灭顶之灾——这里已经被夷为平地，房屋、墙都倒塌了，遍地都是碎石。看到这样的景象，没有人能想到这里曾经有一个小镇啊！"

据统计，在这次大灾难中有8万人丧生，其中的大部分都直接死于地震，其他人有的死于瘟疫，有的是因为恶劣的天气导致的食物紧缺以及新形成的沼泽地带来的空气污染而死。有相当一部分人直接被倒塌的房子活埋了，还有的死于伴随地震发生的大火，也有一些逃到空旷地带的人，被吞进了裂开的地洞，永远地长眠于地下了。

按理说，即使最冷血的人看到这样的灾害也会感到痛心。可是谁会相信呢？为人所传诵的只是一些感人的英雄事迹，其他的事情都令人难以启齿。卡拉布里亚的农民涌入城镇，不是为了找人提供帮助，而是为了掠夺。这些农民冒着生命危险，在摇晃的废墟之间穿梭，为了抢夺刚刚死去的遇难者身上最有价值的东西而从他们身上踩踏过去。

类似这种悲惨的故事我们已经说得够多了。世界上的任何地方都会发生地震，每个国家的历史文献中都记载着所有发生的大地震。这些都向我们证实了，地球内部那个巨大的熔炉不时地会分裂和粉碎地球脆弱的外壳。

地震发生前，地下总会发出巨大的响声，这是在对即将发生的灾难做出预示。开始时，会有沉闷的轰隆隆的声音从远处传来，并且越来越响，不久这种声音就会消失，过一会儿又开始响，仿佛地表下很远的地方有风暴正呼啸而来。所有人在听到这种恐怖的声音时，大脑都会一片空白，心里无比恐惧，大惊失色。动物们也惊慌不已，纷纷做出最本能的反应：狗因恐惧而开始咆哮；耕牛不再劳作，尽力将四肢撑开以支撑战栗的身体。同时，响声开始变大，仿佛一辆满载着生铁的四轮马车在空旷的车道上笨重前行，一排大炮也一齐发射产生巨大的爆炸声。接着地面就开始上下左右地不停晃动，继而出现裂痕，刹那间就出现了一个大大的裂口。看到这些，就算拥有最强大的心脏也不可能保持不动声色。

从地下传出的这些声音并非只会伴随着地面的震动发生。1784年，在墨西哥的瓜纳华托，随着剧烈的爆炸，长达40天不断地从地下传来一阵阵雷鸣般的声音。当地居民以为地震就要发生了，于是极其惊恐地逃离了这里。可能有人会说这是因为某个地方发生了暴风雨，所以才发出了雷鸣般的响声。不过，在附近深度为500米的矿井中，也能听到有同样的爆炸声从地下传来，而且那声音听起来比在地面上听到的要大得多。也就是说，地下的剧烈活动是在矿井以下发生的。可是这声音到底是由地球的内部结构的不稳定性造成的，还是因为地球内部的熔岩对地壳产生的冲撞击裂岩石而发出的呢？谁知道啊！无论怎样，瓜纳华托的居民都逃过了这一劫，这次地下剧烈活动没有造成毁灭性的地震灾害。

第九章　为什么陆地不会沉入海底

一想到地震及其他可怕的灾害会在极短的时间内造成巨大的破坏，我们就不免感到悲伤。我们问自己：上帝事先就将这些毁灭性的灾害安排好了吗？是他在愤怒的时候，将地狱之火点燃，使得地动山摇，才一下子就把人口稠密的地方毁灭了吗？

不是的。地下之火是组成大自然的重要部分，尽管有时也会给生物带来严峻的考验，并造成极大的破坏，但是的确也是生物生存不可或缺的事物。有谁曾想过我们的住所会被大气带来的飓风摧毁，我们的船只会被海洋上的暴风雨吞没？既然这样，为什么还会存在大气和海洋呢？其实，自然界的所有力量都有好的一面的，尽管它们在带来生命并让生命一直延续下去的同时也造成了灾难和死亡。会下冰雹的云也能下雨灌溉庄稼；可能给生命带来威胁的闪电也能净化空气，造福人类；河流会带来洪水使我们的土地被淹没，但是同样也能灌溉溪谷旁的土地；地下的岩浆会推动陆地使其上升到海平面上，导致陆地发生强烈震动，但是同时也能保护陆地免遭海水的淹没。

地球内部的燃烧之火也有它要完成的使命，这一点和世界上的其他东西一样。最初，发生在地球各个地方的地震推动陆地上升至海平面以上，使大陆得以形成。开始时，海水完全覆盖了地球的表面，要是没有出现使陆地上升的地下活动，就不会有陆地的产生。

不过，你也许会说：既然现在陆地已经形成，并且由于地下火炉向上推动的作用而安全地在水面上浮着，要是这个距离我们这么近的令人心惊胆战的火炉能够就此永远消失，那该多好啊！

小心！万一有一天这种草率的愿望实现了，给整个世界带来的灾害将会比任何一次地震都更具毁灭性。你必须相信，宇宙中的所有机制都是密切相连并被安排好的，试图让它发生任何改变的想法简直太愚蠢了。宇宙中发生的一切都是计划好的，其中充满了智慧，渺小的我们在看到它发生的一点小混乱时就产生这样的想法，真是太可笑了。一旦地球内部的岩浆消失，我们脚下的土地乃至整片大陆将马上失去支撑，然后向着更低的地方沉下去，接着被海水吞没，永远消失在海面上。

有一股力量正在慢慢地对陆地进行侵蚀。这股永不停息的强大的力量能瓦解、粉碎硬如钢铁的花岗岩，使其化为粉末；还能慢慢侵蚀高耸入云的山峰，使其最终成为平地。这一切可能会发生在100年后，1000年后，甚至1万年后。时间在如此强大的力量面前已经算不上什么问题了。这股不可抗拒的力量产生于水、空气和霜不停歇地共同作用，它能将山脉铲平，将陆地毁灭。具体过程如下：一块坚固的岩石把它附近大气中沉积的湿气都吸收了，结成了霜，因为冰的扩张能力十分强大，就算是最弱的爆裂也能使岩石表面出现无数的小裂痕，等到附近开始升温，霜就会融化，岩石表面随之脱落，如同老树皮从树上掉落一般。结霜、融化，循环往复，不断地有碎片、颗粒、粉末从岩石表面脱落，于是又形成了新一层的岩石表面。通过这种方式，大气一直在对陆地上的所有物质进行破坏。在它的作用下，从山上脱落的物质会不断堆积，等堆积到一定的量，这些物质就会从山体滑入峡谷。这样的例子数不胜数，我们来看其中一个。

1806年9月2日，雨季已经过去，生活在瑞士中部的戈尔道峡谷的居民听到一阵爆炸声从附近高山上传来。那是因罗森博格山脉4000米长的表层与山体分离，继而滑下斜坡，撞进山谷发出的一阵巨响。可能你会想到高山被推翻是因为世界末日来了。5分钟内，六七十米深的石头、碎石和其他物质将戈尔道山谷和比辛根山谷都掩埋了。从罗森博格山上滑下的这种物质至少有500万立方米，它们掩埋了5个村庄，造成约500人死亡。

就这样，整座山慢慢瓦解消失了。不仅如此，陆地上遍布大大小小的河流，大到横跨几千米的大河，小到人们可以轻易跨过去的小溪，它们使土地变得更加富饶，也把碎石、沙子、泥土等大量地表物质冲到了海里。据估算，恒河每年会将1.8亿立方米的地表物质冲入海里。很多在我们眼中十分庞大的山都没有这么大的体积，而恒河每年却能将这样一座山峰冲走，并将其带入大海。

所有的河流和其他水道不停歇地将大量固体物质冲入海洋，导致山脉不断消失，这样一来，陆地极有可能会被夷为平地。当洋底堆积了大量被河流冲进来的物质时，有人也许会想：总有一天大海会被填满。但是在大气的作用下，陆地经过冲刷会不断被磨平。如果对这一切不加阻止，那么已经占了地球表面四分之三的海洋的面积将会继续扩大，用不了多久，海洋就会将整个地球表面淹没。

　　你们对于陆地会全部消失的说法肯定不会相信。不过请想一下，海洋在地球表面所占的面积，还有持续上升的海平面。也请记住，最高的山脉在直径为两米的地球上的大小也只相当于一颗稻谷而已。既然这样，把这些小如稻谷的山脉平摊在平原上，怎么能承受得住大气对它们持续不断的侵蚀作用？怎么能抵挡得了河流对它们的不断磨损？又怎么能够经受海浪在暴风雨的影响下对它们进行的冲击呢？要说有什么是让我们感到震惊的，那就是：陆地真的能够抵挡这些毁坏性的力量，海洋不会重新霸占地球的整个表面。

　　是的，我说的就是海洋以前覆盖过所有的领土，因为在矿场的岩石、大片的山脉以及土壤的最底层中，我们经常能找到壳类生物的化石。经过几个世纪的洗礼，海洋曾经覆盖过的所有东西、地方和壳类生物、泥土一起，都变成了石头。海洋以前覆盖过整个地球的说法并不只是可能，而是确凿的事实，我们可以在海水退潮时，为此找到无数个证据。

　　地球内部岩浆的活动推动了整块陆地浮到海面上，不过这个过程极其缓慢，现在它还在保护陆地免遭海水淹没，并对在海洋和大气共同作用下产生的海平面上升运动加以阻止。地下的活动越强烈，地壳表面产生的高低差就越明显，这是通过两方面来实现的：第一，内部岩浆的活动使洋底的凹陷加重了；第二，组成岛屿和陆地的地方变得更加突出了。这两方面产生的结果是相同的：如果海平面由于洋底下陷而下降，或者突出的陆地由于受到向上的推力而上升，那么海洋是绝对不可能淹没陆地的。因此，地球内部活动引起的震动对陆地起到了保护作用，使其免遭海水淹没，同时也保护了在地球上生活的人类。

如果地球从远古时代起就没有慢慢地进行自我更新和自我修整，那么在其内部岩浆强烈活动的影响下，现在在海面上屹立的将会是什么呢？可能是一些光秃秃的岩石，一些小岛，这些将是岛屿在消失前留下的唯一的东西。生命是无法在这样的环境下存在的。但是，因为一切都被安排好了，也就是发生了之前的地震，才会形成陆地，才会有这片人类赖以生存的土地，这也是我们要为子孙后代好好保护的东西。这片土地一直在更新换代，用它无穷的财富喂养地球上的人类，直到世界末日的来临。

我们来看几个地球内部活动造成陆地上升的例子。智利在1822年、1835年和1837年均遭受了地下运动的破坏，导致从瓦尔迪维亚到瓦尔帕莱索海岸的上升，长达几万千米的海岸线都受到了影响。海面下布满贝壳的沉积物和长满海草的岩石被抬升到海平面上2～3米的地方。一些地方搁浅了好几亩的鱼，死鱼的恶臭味在四处弥漫。

据统计，1822年的智利地震波及的陆地面积为2.5万平方千米，相当于整个美洲大陆；陆地平均上升1米，上升的总高度相当于埃及金字塔高度的10万倍。埃及金字塔是人类不使用任何机器建造起来的宏伟的建筑。我的小读者们，请想一想，无数人花上数年，持续不断的工作才能建成一个金字塔，那么能在短短几秒钟内让如此庞大的土地上升的这股地下的力量究竟有多大呢？

　　同样，这个剧变也对遥远的海洋最深处产生了影响。在距离海岸200千米远的海面上的一艘捕鲸船，由于受到巨大的震动导致桅杆被折断。经过水深测量发现，同一条船两年前在这里抛过锚，现在的水深与那时相比已经少了2.5米。停靠在康塞普西翁海湾水深13米处的船只居然搁浅了；不断对龙骨进行拍打的海浪已经退去，只把海草留在了龙骨上。简单来说，在曾经无论载重吃水多深都不会遇到任何阻碍的地方，船只因暗礁和暗滩的阻挡而无法继续前行。

　　不过从本质上看，这些剧变也不全是这么突然且强烈的。有些地方的地壳也许会慢慢隆起，不造成任何震动。瑞士就是如此。经过长达一个世纪的观察，人们发现：在斯堪的纳维亚半岛，北海和波罗的海的海平面正在以100年1米的速度慢慢下降；或者说得更准确一点，是地面正在以这样的速度慢慢上升。1731年，乌普萨拉大学的研究人员在波罗的海海平面的岩石上做了记号，过了几年，记号比海平面高出了几厘米。1831年，记号已经比海平面高出1米了。

　　上述例子已经足以说明：就算有些地方的陆地面临着被海水淹没的危险，但是由于受到地球内部运动的影响，总体来看，陆地还是在上升的。要是我没说错的话，地震在给人类造成重大灾难的同时，也在为人类造福。水和空气共同作用产生的无穷智慧难道会有人不承认吗？它一方面对陆地进行了破坏——这对于提高土壤的肥力来说是不可或缺的；另一方面，为了让陆地保持原来的模样，它也在不断地对其进行修复。

第十章 火 山

也许有一天，水和空气对地球外壳各个部位的不断侵蚀引发的大骚动会使它再也无法承受。为什么不再经常发生毁灭性的地震灾害了呢？为什么不会每天都爆发气体物质和炽热的物质，使压制着它们的穹顶上升并产生巨大的响声呢？为什么剧烈的爆炸不会将地壳炸碎，并将碎片抛到遥远的宇宙空间呢？

因为有安全阀门——火山口的存在，所以上述情况都不会发生。这些将地球内部和外部连接起来的火山口，成为一切强大爆炸力的出口。那些试图用破坏地壳的方式从地球内部逃离的气体都从火山口出来了，因为有了火山，地震的破坏力都减少了。在火山活跃地带可以发现这样的规律：每当地面发生强烈的震动，都预示着周围有一处火山即将爆发，火山爆发后，震动就会随之停止。所以，能够削减地球内部火炉爆发的力量的火山可以称得上是最安全的阀门了。

火山是一座漏斗状的山，有一个开口，这个开口就是火山口。火山口底部通过弯弯曲曲的无法确定长度的火山管与地球内部相通。火山的高度各不相同。有些火山的高度只有几百米，有些则高达几千米，甚至比这还要高，比如南美洲的安地桑那火山就高达5837米。火山口的宽度也各不相同。维苏威火山在1822年爆发时，火山口的周长是4千米，有300米深。夏威夷群岛中的一座火山，火山口的周长是二三十千米，有400米深。通常来说，火山口都不太大。欧洲比较出名的火山有：西西里的埃特纳火山；拉普兰附近的维苏威火山；冰岛的斯加普塔尔火山、赫克拉火山和另外6座火山，还有几座死火山。埃特纳火山、维苏威火山、赫克拉火山的高度依次为3315米、1190米、1690米。

要想理解火山爆发，最棒的例子就是维苏威火山，相对而言，它离我们更近，我们对它也更感兴趣。

在火山爆发前，火山口常常被烟柱笼罩，而且烟会垂直上升到距火山3倍高的高空。之后，烟就会向四处扩散，遮天蔽日。在火山爆发的前几天，笼罩在火山口上方的厚厚的浓烟会形成一大片乌云。然后火山周围的地面开始震动，有巨大的响声从地下传来，而且这响声会越来越大，过不了多久就会大过雷声。你可以将这一情景想象成火山内部有一门巨型大炮正在发射炮弹。

突然，从火山口冲出一阵火焰，一直冲到两三千米的高空。如同着了火一般，火山上方的云都变成了火红色。难以计数的火花冲到火焰的最高处，布满天空，在它们后面可以看到闪闪发光的轨迹，之后，它们又会如同火雨一般降落到火山周围。远远看去，火花好像非常小，实际上它们是特别大的，有些宽度还可能达到几米，它们掉下来时产生的冲力足以将最坚固的建筑物摧毁。有谁发明的机器可以将这么多岩石送到这么高的地方呢？没有哪种外力能做到，但这股地下的力量却可以一次次完成，如同在演习一般。维苏威火山会持续几个星期甚至几个月不断地向天空喷射，就像放烟花一样，从火山口不断地喷射出巨大而绚丽的火焰。

同时，熔化的矿物质，即火山熔岩，从火山深处几十千米的地方不断地通过火山管上升，涌出火山口，放射出如同正午艳阳般的光芒。火山熔岩的喷发是在火山冒烟之后发生的，预示着火山马上就要爆发了。过不了多久，熔岩就会将火山口填满，伴随着地面强烈的震动，火山口周围的地面开始崩裂，传出巨大的响声，岩浆透过火山口的边缘和裂缝往外喷流。

炽热的岩浆行进得虽然缓慢，却无法阻挡。接着，这些熔岩会化作一片火墙不断前进。人可以在它扑过来之前逃离，但一切固定的事物就逃不了了。百年老树碰到熔岩会燃烧起来，而且很快就会烧成灰，最厚的砌石碰到熔岩也会被烧成灰，就连最硬的岩石都会变形，并最终熔化。

很快，岩浆就不再喷发，这时，被压抑已久的气体就会获得释放，气体的爆发带来的破坏可能会比岩浆喷发更大。从火山口喷出的气体，把大量的熔岩颗粒、火山灰带到空中，形成黑色云层，并在火山周围的平原地区落下，有时这些熔岩颗粒、火山灰会被吹到几千米外的地方。最后，可怕的火山终于平息了怒火，一切都回到最初的状态，等待火山的下一次爆发。

火山爆发喷出的物质大部分都是岩浆，数量非常多，下面的例子可以对此加以证明。

1783年6月11日，位于冰岛的斯加普塔尔火山爆发了。一条60米长、一两百米宽的河流瞬间就因为喷射出来的岩浆而蒸发了。尽管火与水的斗争非常可怕，但是持续的时间很短，在将河水蒸发掉之后，岩浆就填满了整个河道。不仅如此，溢出来的岩浆还流到了周围的平原地区，向很远的地方蔓延，甚至还将大湖里的水蒸发了。接着岩浆继续前进，向一个古老的河道流去，这个河道是空的，岩浆通过这个空河道流进了地下洞穴，地下洞穴的墙在如此高温下，像蜡一样被蒸发了。

一周后，火山再次将岩浆柱喷出，这些岩浆淹没了上次喷发的岩浆，流进了深谷里。这个深谷是由瀑布冲击了几百年才形成的。将深谷填满后，岩浆继续前进，直到流到了70千米远的地方才停下脚步。在开阔的平原地区，岩浆的宽度不一，在20米到30米之间，平均深度为30米，不过在狭窄的峡谷地带，可以达到183米深。据统计，岩浆的扩散面积已经有320平方千米，使得平原变成了火湖。你们想不想知道要是从地球内部流出的这些矿物质熔岩，在几年内始终保持炽热的温度并不断冒烟会是怎样的情形呢？

在火山平息一段时间后，火山口的内部已经不存在什么危险了，这时是允许人们对其进行参观的。我们可以在那里看到一堆被烧成灰烬的岩石、矿渣，还有成堆的熔岩石。从裂缝喷出的令人窒息的蒸汽无处不在，而且我们透过裂痕还可以看到地球内部正在燃烧的火焰。凝固的熔岩在火山口的下方堵住了火山漏斗状的出口，如同大锅炉的盖子一般。有时火山口散发着令人恐惧的气息，是非常危险、难以接近的。

下面是著名的旅行家——亚历山大·冯·洪堡记录的一段刻骨铭心的经历：

1802 年春天，我在一个印第安向导的带领下，攀登了皮钦查火山口三座岩石中最东边的那座。我们奋力前进，尽管攀登的过程十分艰辛，但是我们的热情丝毫没有受到影响。我们并不知道所走的路线对不对，直到穿过无味的密密麻麻的蒸汽云。有裂痕的冰雪覆盖着地面，我们知道，这些冰雪随时都可能崩塌。我们的视线被蒸汽云挡住了，甚至连前面几步远的地方都看不见。我们向前慢慢地走着，穿过冰雪路，可是走了一会儿后，就闻到了一股硫黄的气味，这时我们与火山口的距离已经很近了，而且我还能感觉到有火正在我们脚下的深处燃烧。我们在不知不觉中已经走到深渊上方的冰桥的边缘。我赶忙抓住印第安人的外套，让他跟着我往一块宽度有几米的光秃秃的岩石上面跳。

我们俩停下来，在火山口边缘的一块石板上躺着休息。可怕的深渊就在我们的正下方。我们面前的一片混乱是无法用语言表达的，而且我还怀疑，我们现在看到的情景，即便是最富想象力的头脑在它最恐怖的噩梦里看到的最可怕的场景也没法比。想象一下，一堵圆形围墙周长接近 4 千米，它的墙壁是垂直的，冰雪覆盖着墙边。内部漆黑一片，往这个漆黑的无底洞的深处看上一眼便会感到一阵眩晕，我们可以在黑暗中看到几座山的山顶，它们就在位于我们脚下四五百米远的地方，带有硫黄气味的烟雾不断地从它们周围的好几十处裂缝中喷出。由此，我们就可以对这些山的根基所在做出判断。

另一个旅行家阿曼达·国利伐这样写道：

现在，我们正站在埃特纳火山的山口。但是与其他火山不同的是，它不是漏斗形的，而是一个垂直的山谷，幽深、蜿蜒、不规则，许多石头和熔岩堆砌起来形成了它陡峭的山边，可能是因为掉落的偶然性，也可能是因为火山爆发的力量，所以它们的形状都很奇怪。而且每个地方都具备各种颜色，有时以黑色或者深红色为主，这使得一切看起来更加可怕。这里散发着死亡的寂静。白色的蒸汽柱悄无声息地从数以千计的裂缝中喷出，慢慢地向上飘，将整个火山口笼罩起来，散发出的刺激性气味令人感到窒息。灰烬和矿渣彻底覆盖了我们脚下的土地，又暖又潮，如同覆盖在表层的一层白霜。这些潮湿的带有酸性的物质能够迅速腐蚀我们的鞋子；硫黄就是如同水晶一般发亮的银霜，它们被火山蒸发后，又变成小小的晶体落到地面上，再在如同巨大的实验室一般的大自然中发生化学反应，形成盐。

我们往火山口里看了很长时间，然后从观察点离开，向着我们东边的小山前进。不过导游很快就带领我们停在了又陡又窄的斜坡前，在距离它100步远的下方就是可怕的悬崖。只见导游将袖子卷起，又把嘴巴掩住，还做手势让我们跟着他一起做。然后他跳到斜坡上，并大喊着："快！快点！"

我们果断地跟着他跳了过去，来到了火山口的边缘，10年前这座火山曾经爆发过。每隔一段时间，就会有轰隆隆的声音从火山深处传出。垂直向上的不规则的圆形围墙将火山口围住了。炽热的浓烟不断地从左边围墙脚下的一个巨大的排放口中释放出来。中间、左边，庞大的布满裂痕的熔岩石到处都是，有的是黑色的，有的是深红色的，我们可以透过上面的裂缝，看见地球内部的物质散发出的光芒。从四面八方喷射出来的白色或微带灰色的蒸汽，如同火车头的蒸汽一样，发出震耳欲聋的嘶嘶声。令人遗憾的是，我们不能在此停留太长时间。这里的气体散发出的刺激性气味几乎让我们无法呼吸，并感到如同醉酒一般的眩晕，所以为了保证能够正常呼吸，我们再次回到了安全的斜坡。

西西里北部的斯特龙博利岛其实是一座深700米、周长为15千米的火山。它是欧洲最为活跃的火山之一。我们可以清楚地从火山的山峰上看见火山里面的岩浆是怎么流动的。斯特龙博利岛被3个同心圆围住，斯特龙博利火山就是它的中心。这座火山的火山口一共有6个，它们分别独立。其中有1个会喷发带火花的白烟，不断地将炽热的石头抛向天空，再任其落下，石头之间不停地相互撞击，发出如同炼铁炉旁锤子在打铁一般的叮当声。还有2个总是释放出硫黄蒸汽，形成笼罩着整个山峰的大片的蒸汽云。另外3个火山口则间歇性地爆发。

火山平息时，可以看见如同烙铁一般闪耀的岩浆有节奏地在火山内部涌动，却不会溢出火山口，同时还会有如同火炉里燃烧的火一样的声音发出。每一次岩浆上升的时候，都会从里面喷出一阵白色的蒸汽，然后岩浆就会再度平息。岩浆之所以能够上升并悬浮在火山口，靠的就是这个蒸汽产生的向上的力。在3个间歇性爆发的火山口中，有2个爆发的间隔时间是8分钟，如果15分钟之后才出现第三次爆发，那么就预示着即将发生火山的大爆发。熔岩的这些有规律的活动将更多的爆发空间提供给了更剧烈的活动。火山口的围墙开始震动，地面也产生了轻微的震动，巨大的轰隆隆声从火山内部传出。从火山口冒出的烟变成鲜红色，震动的强度越来越大、速度越来越快，最后在紫色蒸汽柱的推动作用下，熔岩从火山口喷出。熔岩从主火山口喷出后与大量的炽热岩石碎片一起被喷到了顶峰上方的两三百米处的空中，形成一股巨大的热浪，并发出巨响。熔岩柱在到达最高点后，就会向四处分散，然后再落下来，有的会落入火山口，有的会落入大海。等火山平息后，熔岩又会流回火山深处。不过用不了多久，随着另一阵爆炸声的传出，火山口的熔岩再度开始涌动。

能让熔岩从地球内部上升到如此高度的力量与我们最强大的机器的力量进行比较，哪个更强大？这样的比较可能并没有什么意义。我们并不能确定火山管的深度，但有一点可以肯定，那就是它已经深入到火山的根基里了。对我们而言，这个深度已经相当深了。哪怕是人类制造出来的最强大的机器，也只能让与熔岩直径相同的大水柱上升到100米高的空中，这些它是无法做到的。况且，熔岩的质量相当于水的质量的2.5倍，也就是说这种机器只能让熔岩上升到40米高的空中。根据这个比率计算，要想让维苏威火山里的熔岩从火山的底部上升到火山口，至少需要相当于30台这样强大的机器的能量。换成埃特纳火山的话，就需要83台，至于最高的阿康卡古斯火山则需要180台。

火山管越向火山底部深入，这些数据就越可能需要成倍地增加。这些数字足以证明推动熔岩上升的这股力量有多么强大，它能够抵挡阻碍它前进的一切。这么大的力量一旦超出火山地区的承受极限就会使火山出现裂缝，然后喷发出的物质就会从裂缝流出。在这些裂缝中，极有可能会形成第二火山爆发口，我们在埃特纳火山的爆发中已经讲过这一点。有时，在上升的过程中遇到阻碍，熔岩就会在火山周围开辟出另一个出口，从这个出口喷出岩浆流。1794年维苏威火山爆发时，冲破地面裂缝的一股岩浆流扩散的面积之巨大，足以轻易地将整个城镇吞噬。

下表中记录的是一些重要的火山的情况：

名称	高度	地理位置
阿空加瓜火山	7150 米	阿根廷
安地桑那火山	5833 米	厄瓜多尔
科多帕希火山	5755 米	厄瓜多尔
伊利亚姆纳火山	5443 米	美国
波波卡特佩特火山	5400 米	墨西哥
米埔火山	5386 米	阿根廷
皮钦查火山	4855 米	厄瓜多尔
科流齐绮火山	4800 米	俄罗斯
冒纳罗亚火山	4800 米	美国
加勒拉斯火山	4100 米	哥伦比亚
特纳里夫岛火山	3710 米	西班牙
埃里伯斯火山	3700 米	南极洲
埃特纳火山	3315 米	意大利
赫克拉火山	1690 米	冰岛
维苏威火山	1190 米	意大利
斯特龙博利岛火山	700 米	斯特龙博利群岛

第十一章　维苏威火山

一座火山有可能几百年都不爆发，好像火山管堵塞了，将它与地球内部巨大熔炉的联系都阻断了。这种火山就叫死火山。熔岩地面全被植物覆盖了，密密麻麻的杂草长满了火山口的四周，但是这片碧绿的下方依旧保留着火烧的痕迹，哪怕从来没有人看到过它的爆发，火山口也依然那么清晰。

在法国的一些省，经常能看到一座或成群的被切去顶部的锥形小山丘，尤其是在维瓦赖、奥弗涅和沃莱。这些小山丘的顶端内部空空如也，形成了巨大的漏斗状洞穴。有些洞穴是规则的贝壳状的，让人不由得疑惑这是否经过了人工修整；有些是不对称的，其中一边还会出现大的缺口；有些形成了美丽平静的湖泊，朵朵白云倒映在碧蓝清澈的湖水中，构成令人愉快的和谐景色。不过更多的时候，火山口的下面是郁郁葱葱的、无边无际的草地，羊群在上面吃草，正在反刍的小母牛懒洋洋地躺在地上。

这些地方曾经是火山口，现在看上去是多么平和，多么生机勃勃。清澈的湖水在曾经的熔岩之瓮中流淌，被阳光一照，显出粼粼的波光；成群的牛羊在曾经是地下火蔓延的地方成长。然而老火山口留下的创伤是这些花草树木无法掩盖的，只要认真观察，就能将一切尽收眼底。熔渣、火山灰以及岩石碎片就隐藏在锥形山丘薄薄的黑色表层下。锥形山丘的漏斗状山顶就是曾经的火山口，而它周围的沟壑就是溢出的熔岩还没来得及在山脚流出时造成的缺口。说到岩浆流的痕迹，找起来就更容易了，那就是锥形山峰遍布的平原地区的弯弯曲曲的火烧痕迹和裂痕，这就如同一块被诅咒的土地。几株杂草和苔藓在岩浆流的巨浪中勉强找到可以容身的地方。这样的岩浆流地面到处都是，比埃特纳火山四周最广阔的岩浆流地面的面积还要大。维苏威火山和奥弗涅火山的火山锥没有伴随着岩浆喷出来的白色的炽热的火焰柱。几百年前，随着炽热的岩浆的冷却，火焰柱也消失了。

在法国中部，曾经有超过100座火山同时爆发，那已经是很久以前的事了，谁也没有见过那奇迹般的情景。那么，奥弗涅火山究竟有多长时间没爆发过了呢？谁都不知道，也没有人知道它如今是否还会重现曾经爆发出的能量。

维苏威火山在古世纪时也是一座非常平静的山，即死火山。与现在不一样的是，它那时是一片稍稍有点凹陷的高原，而没有被冒着烟的熔渣覆盖，旧火山口的残骸已经消失不见，取而代之的是郁郁葱葱的草地，四处都有攀爬的野葡萄藤，土地十分肥沃，而且山脚下还有赫库兰尼姆和庞贝这两个人口稠密的城市。这就是处于休眠期的维苏威火山的情况。直到公元79年，这座看上去会一直平息下去的火山再一次爆发了，突然，从火山口喷出岩浆，烟雾在火山上空萦绕。这次爆发是人们记载下来的最具毁灭性的火山爆发之一。

赫库兰尼姆和庞贝都受到了严重的破坏，它们被厚厚的火山灰彻底埋没了。在火山爆发1800年后，矿工在挖掘时发现，在厚厚的火山喷发物下埋着的一切都完好得跟灾难发生前一样。从那时起，维苏威火山一直不断地冒烟，有时还会喷出熔岩。

由此可知，休眠很久的死火山也可能会再次爆发，如同活火山有时也会平息一样。另外，无论在什么地方——广阔的草原、农田还是海底，都有可能形成火山。有很多火山都是在最不可能的地方突然形成的。现在，我们来看几个这样的例子。

那不勒斯周围的地面在两年时间里发生过无数次震动，直到1583年9月，一个周长为2500米的巨大"水泡"在波佐利附近的平原上升起，才引起了当地居民的注意。9月22日凌晨2时，这个"水泡"发生爆炸，传出了可怕的响声，形成了一个喷发出浓烟、火焰、石头和泥浆的火山口。伴随着雷鸣般的巨响，火山爆发了。从火山口喷射出的石头上升至高空，又降落到火山口或火山周围。喷发出来的泥浆非常稀，跟煤渣糊一样，呈银灰色。火山的力量在12小时内将整片土地提升到很高的地方，同时火山的喷发物不断地在上面堆积，最后形成了一座高144米的小山。火山爆发毫不停歇地持续了两天两夜。从火山口喷出来的泥浆如同淋浴一般不断地落回地面，将波佐利和它周围的地区都淹没了。那不勒斯同样遭受了破坏，奇怪的泥浆雨毁掉了那里的很多宫殿。

半夜，第一次震动将熟睡的波佐利居民惊醒，他们开始四处逃窜。他们的脸上写满了恐惧，他们害怕被泥浆埋在底下，害怕马上就要死掉。有的人拿着装满日用品的麻袋，有的人抱着孩子，有的人骑着瘦弱的驴，向那不勒斯逃去。匆忙之间，那些还算镇定的居民聚集到一起。路面上遍布着各种鸟的尸体。在火山刚爆发时，退去的百米海域里到处都是搁浅的鱼。

到了第三天，火山平息了。一些富有冒险精神的人爬上了新形成的山。山顶的火山口深138米，呈漏斗状。在火山口的底部，翻腾的石头和熔渣如同沸锅里的蒸汽泡泡一般。现在它好像已经恢复平静了，很多有强烈好奇心的人都聚集到了火山口，想看看它的容颜。不过这样的平静只维持了7天，7天后火山就再度爆发了，而且强度和上一次差不多。落下的石头砸死了很多人，有毒的烟雾也使一些人窒息，火焰和岩浆流不断喷发了很久。之后，火山再次趋于平静，直到彻底平息下来。

这座在一夜之间形成的火山锥的名字是蒙特·诺沃，在法语里意为新形成的山。现在植物已经覆盖了整个蒙特·诺沃，再也看不到从沉睡的火山口冒出来的烟雾了。

在18世纪中期左右，墨西哥有一片大平原，主要生产稻谷、玉米、甘蔗和槐蓝属植物，这里的人口十分密集，还有两条河从此处流过。谁也没有想过有一天爆发的火山会将这里肥沃的土地摧毁。地面从来没有发生过震动，人们也从来没有听到过从地下深处传来的轰隆隆的响声。人们在这片平和土地上安居乐业，过着美好的生活。直到1759年的6月，一切都发生了改变，地下传出巨响，接下来的两个月里，地面一直在猛烈地震动。到了9月末，地下活动越发猛烈，超过2000平方千米的地面开始慢慢上升，最后膨胀到了168米高。接着这个膨胀的"水泡"开始上下翻滚，如同愤怒的海水一般，形成许多两三米高的锥形的小山丘。这些小山丘一个接一个地先上升，再裂开，又下沉，如同发酵液体里的气泡一般。

最后，这个"水泡"的顶部出现了一个大大的开口，火山灰、浓烟和煅烧的石头的混合物从开口喷出。很快，6座火山锥出现在爆发口的深处，朱若罗山峰是这些火山锥中的一个，它比平原地区高出483米。直到次年2月，这座新的火山还在不停地生成大量的熔渣和岩浆，同时有大量的酸性气体从圆顶周围的火山锥中释放出来。在地面开始膨胀的同时，朱若罗山完全占据了两条小河流经的地方，最后被河流底下的大开口吞噬了。

亚历山大·冯·洪堡在40多年后参观了这个小城市。轰隆隆的声音从他脚下这片隆起的大地深处传来，暗示着地下的运动有多么剧烈。因为地热，它的表面一直保持着温暖的温度。据说，火山爆发20年后，即1780年，裂缝下面几英寸深处的岩浆还有着能够点燃雪茄的温度。被当地人叫作"小火炉"的火山锥还在不断地将气体和蒸汽喷发出来。在炽热岩浆下消失的两条河流变成了热气腾腾的温泉，出现在远离原来的河道的地方。自从朱若罗和小火山锥不再喷出烟雾后，周围的地面和温泉的温度就下降了，而且还有许多杂草从地面上长出来，将这片曾经被摧毁的土地掩盖起来了。

下面我们来说一个在海底形成火山的例子。1831年6月10日，一艘船在距离西西里南岸6000米的地方航行时发现了大片的死鱼。接着，一股周长足有800米的水柱向20米高的空中喷去，然后又突然落下来。这样的现象反复出现了好几次，每一次爆发都有大量的蒸汽喷到500米高的空中，将整片天空都遮住了。

　　现在你一定会问，海底究竟藏着什么东西呢？是不是一大群鲨鱼正要游出水面，所以才将海水搅得翻腾起来吗？不，这是新形成的火山正在地中海寻找爆发的出口，从海底慢慢升起一座座海底火山锥。飘向西西里海岸的硫黄的气味，将这里正在发生的一切告诉了人们。很快，无论人们站得多远都能看见高高的烟柱了，这些烟柱在夜晚显得尤其明亮，并且还会发出耀眼的闪光，如同夏夜的闪电一般。最后，沉闷的轰隆隆的巨响从远处的地下传来，如果不是因为看到了垂直的烟柱，人们可能还会觉得是暴风雨要来了。

　　一周后，当船经过同一个地方时，船长看到原来沸腾的海面上出现了一座不知名的小岛，它只上升到海平面几米高的地方，看起来好像是因为地热活动形成的。小岛的中心是一个凹形大坑，里面炽热的岩浆在沸腾着，喷发的烟雾笼罩着整个小岛，同时还喷出气体。小岛四周到处飘着熔渣碎片、大量的碎石以及死鱼。7月24日，知识渊博的地质学家——弗雷德里克·霍夫曼对这个小岛进行了考察。

　　霍夫曼在距离火山1000多米远的地方，发现这座小岛可以看见的部分的周长只有六七百米，近似一个火山口的周长。整个岛高20米，周长可能有1000多米。此外，持续喷出的岩浆还会使小岛的高度慢慢上升。在某种力的作用下，火山口悄无声息地冒出一股股雪白的蒸汽，如同500米高的柱子一般，在安静的空气中直线上升。透过蒸汽，炽热的熔渣碎片如同火箭一般喷了出来。盘旋升起的黑色浓烟笼罩着蒸汽柱，发出的声音与火山灰、熔渣以及火山沙被喷出时发出的声音一样。海水一与这些炽热的物质接触，就开始沸腾、蒸发，就像海水里被丢进了炽热的铁一样。虽然这时没有火焰从火山口喷出，但是每一次新的爆发都会从黑乎乎的火山灰中喷出耀眼的火焰，同时伴以雷鸣般的持续作响的声音。每隔15分钟，这种场景就会稍稍平息一会儿，在此期间，能见到的就只有蒸汽柱了。

到了8月4日，这座小岛已经达到周长5000米，高60米了。我们可以肯定地说，要是爆发能持续更长时间，这座小岛就会接着向横、纵方向扩展。但是火山的爆发在一个月后却完全停止了。此后再去参观这座岛就非常安全了。因为海浪冲没了火山口的边缘，这座名叫格莱汉姆的岛存在的时间很短，到了同年的12月，这座岛就几乎消失了。当一些几乎看不见的裂缝中喷出熔岩柱后，这座岛已经被腐蚀得只剩下一座礁石了。火山的能量在这个地方并没有被完全释放，因为火山在两年后再次爆发了，只不过没有新的岛屿形成。1863年，葬身海底的火山口再次出现了，而且里面充满了硫黄气体和沸腾的岩浆。在此之前，人们都认为它已经消失了。

我们从这些新火山突然形成的例子中可以知道：不管是在何时、何地，也不管是在陆地上还是在海底，地球内部的炽热物质都可能会突然爆发。

第十二章　火与水

根据观察得到的事实，科学家推断我们的地球最初是一个液体球。之后，地球就形成了一片没有海床和海岸的火海。而形成陆地和海洋的最根本原因就是火海中汹涌的热浪。那时，从炼炉里流出的白热的物质，如同液态金属一般。在最外层慢慢冷却后，地球获得了一层坚固的外壳，不过这时的外壳炽热得如同从铁匠的锻铁炉里刚取出的铁一样。

随着时间的流逝，地表的温度持续下降，慢慢变厚的地球外壳上的过多的热量也一点点消散，到最后就不再发热了。地球发光发热的时期到此结束，但是它周围由很多种气体组成的大气层却不像我们现在看到的天空那么清澈碧蓝，而是又厚又浑浊的，太阳光很难透过这样的大气层射到地球表面。

在地球初步形成坚硬的外壳时，地球内部的物质也开始对它产生作用——这种作用一直在继续——地球表面就是因为这种作用，才变得十分不规则，下沉的地方形成了海洋，凸起的地方形成了陆地，还有一座座被峡谷隔开的山脉拔地而起；就是因为这种作用，一座座高山耸入云间，海床也被挖空了。地球内部的物质对地壳产生作用的过程和苹果慢慢变干、表皮长满褶皱的过程没什么不同。

新鲜的苹果有着光滑的表面，包着多汁果肉的表皮上一点儿褶皱都没有。不过用不了多长时间，它的部分果肉就会脱水，继而产生轻微收缩。实际上，干燥的表皮没有可以用来蒸发的多余的果汁或水分，因此它不会像多汁的果肉那样萎缩。那么，要是苹果皮的大小不变而里面的果肉产生收缩的话，很明显，这层果皮对于果肉而言就显得太大了。所以果皮肯定会因为果肉的萎缩而萎缩，长出褶皱，以保持与果肉紧贴。从太古时代开始，地球的外壳就在不断地形成褶皱，现在的它皱巴巴的，如同某种干缩的水果表皮一样。

在相同的时间内，液体流失的热量要多于固体流失的热量。这就是地球外壳不断收缩的原因。地球内部的流体物质慢慢地释放出热量，使其消散在周围的空间里，与地球的固体外壳在同样的时间内释放出的热量相比，这些热量要多一些，尽管两者之间的差别不太明显，但是时间久了，地球内部的流体物质势必会与外壳分离，这样一来就肯定会发生下面两种情况中的一种：第一种，地壳有足够的韧性，为了保持与收缩的地球内部的接触，它可以折叠起来形成褶皱；第二种，地壳没有足够的韧性，不能折叠起来形成褶皱，那么它就会由于自身重量的压迫而发生破裂，甚至有些地方还会倒塌，不过因倒塌而产生的地壳碎片会在地球内部流体物质之间的缝隙里藏身，因此地球的外壳会变得十分粗糙，形成各种各样不规则的地形。地球的表面是坑坑洼洼的，有高有低，有山脉，有山谷；有悬崖，有沟壑；有高不见顶的高山，也有深不见底的深渊。我们难以想象这样高大的山脉居然只是地球表面一处非常不起眼的小小的褶皱。但是，安第斯山与庞大的地球相比，确实是微不足道的，因为安第斯山与地球的比例就连最小的褶皱与苹果的比例都比不上。

很明显，地球外壳的硬度和厚度决定了其表面不规则的程度和幅度。如果外壳很有韧性又很薄，在地球内部的流体物质流失时，它只会形成小波浪形的褶皱，而不会产生大幅度的收缩；如果外壳很硬又很厚的话，那么产生的对抗地球内部物质接触的阻力就会更持久，但是一旦阻力到达极限，外壳发生的变化就不会只是一点点，而是会发生大断裂了，与此同时，水平岩层会变得垂直或近似垂直。所以，越到现代，地球表面的不规则地形就越明显。实际上，已经证实现存的一些圆顶小山都形成于史前时代，而喜马拉雅山和安第斯山之类的巨大的山脉则是在距离现在更近的时代形成的。接下来我们会对怎样判断山脉的形成年代进行了解，尽管地球表面不规则地形的形成时间远早于人类出现的时间。

地球外壳的破裂并非突然发生的，而是经过了前期的准备。实际上，在没有达到地球外壳的韧性极限的情况下，在很长的一段时间里，坚固的外壳都与地球内部的流体物质的收缩运动保持一致。这个过程极其缓慢，要用几百年的时间才能看出它的变化：地球表面开始变形，有的部分凸出来，有的部分凹进去，直到最脆弱的地方发生破裂才会停止。之后，对比鲜明的陆地和海洋就形成了；根据变形的程度和方式，远古的陆地可能变成海洋，而以前的海洋也可能变成陆地。最后，地球的秩序再次得以修复，开始新的平静期，等待下一次剧烈活动的来临。这样的剧烈活动在我们古老的地球已经发生过无数次了，它们不仅使地表发生了改变，还改变了陆地和海洋的框架，在陆地上随处可见海水流过的痕迹。

目前我们的地球正处于平静期，此时，对陆地进行改造的地下熔炉活动好像已经停止了。我们难以相信，我们的地球有一天会变得与此时完全不同；我们认为坚固稳定的陆地永远都不会离开它现在的位置，而海洋则会一直在它占据的领域里流淌。地球已经进入永久平和期了吗？地球内部的火炉不会再燃烧了吗？种种迹象都表明事实与此截然相反，有很多很多的例子可以对我们脚下这片土地的不稳定性做出证明。地面到处都有连续的微弱的震动，早晚有一天，地球内部流体的运动会使整片陆地发生动摇。

当地球外壳发生断裂时，地球内部的流体物质会在固体表层的重力作用下，被挤压到裂缝处，将裂缝差不多填满，有时会溢出地球表面，甚至形成流体，有时在两边裂缝的压迫下还会形成液体柱。对此，我们可以用冬天冰层下面的水在表层冰破裂时的流动情况来解释。当冰层的表层冰破裂时，下面的水会被迫上升到冰层间的缝隙里，有时会溢出冰层表面，要是周围的温度足够低的话，水就会结冰，重新接合分离的冰块，有时还会沿着冰块之间的缝隙形成长长的冰柱。在地球发展史上的各个时期，尤其是在地球薄薄的外壳经常发生断裂的时期，地球内部的流体物质就是这样从地表流出来，继而形成坚硬的外壳的。

地球表面最初的不规则，一开始在光滑的表面形成的连接地球内部流体的突起，主要是由于火山不断喷出的炽热的岩浆在冷却变硬后形成锥形山丘。后来，韧性变小的地球外壳形成难以计数的横七竖八的裂缝，使得地球内部的流体物质受到更大的压力，于是溢出了地表，在裂缝上形成大山脊，每座山脊的脊骨从侧面看都是锯齿状的，高耸入云。一直以来，地球内部的流体物质被迫从地球外壳的裂痕流出的状况经常发生在向上的作用力的影响下，因此，现在我们脚下的土地一半是由洪水过后留下的沉积物组成的，一半是由岩石组成的，这些岩石以前都是地球内部的流体物质。

地球内部的流体物质从地球表面的裂缝流出，在地表形成山脊，与此同时，凝固的岩层通过折叠倾斜也会形成山脊，这些山脊就组成了山脉。地球表面的裂缝沿线比其他地方抵抗力小，因而成为地震多发带。因为地热更容易通过裂缝传送到地表，所以在这些沿线上经常会形成喷泉；同时，还有许多火山分布在这些沿线上，如同很多连接地球内部与外部的烟囱，在同一条裂缝上屹立着。

如果地球的温度降得够低，我们周围的大气就会发生重大改变。目前为止，当温度升得很高时，水只能以水汽凝结成的密云形式在地球上空飘浮，而不能以液态形式存在。就快形成海洋了，不过时候还没到。当炽热的地球表面上落下第一滴水时，新的世纪就到来了。第一次落到炽热的地面上的只是小阵雨，水很快就蒸发成水蒸气了。更大的降雨不断产生，而且就像往常一样会使过多的热量蒸发。直到地表温度慢慢降低，能够使水以液态形式留在地球表面，从那时起，大气中储藏的水分逐渐增多，形成了大量降水。

印度台风形成的连续闪电、造成的洪水泛滥以及安的列斯群岛的飓风，似乎已经将地球的所有资源都耗尽了。在远古时期，当陆地已经形成，地球正准备孕育生命时，由于倾盆大雨，地球因洪灾变成一片汪洋的景象，如今基本上是无法看到了。整个地球都被一大片水汽聚集在一起形成的乌云笼罩着。昏暗的天空被时不时迸发的闪电点亮，让人不由得想起了地球还是个炽热的发光体的时候。电闪雷鸣接连不断，好像整个宇宙即将坠毁一样。大瀑布般的洪水倾泻而下，其气势远胜我们现代的尼亚加拉瀑布。在持续的大量降水中，地面和天空好像连成了一体。同时，在水柱和垂直水流的冲击下，地面发生猛烈的震动。今天的任何风雨都不能与之相比的龙卷风冲破一缕缕水柱，将它们狂暴地抛掷而下。

等到掏空天上的水库后，整个地表已经变成了一片汪洋。只不过这片汪洋有点奇怪，它的海水不是冰冷的，而是炽热的，并且和各种厚厚的泥土混杂在一起，形成了一种冒着蒸汽的热腾腾的矿物溶液。也许，地球表面的一些暗礁和最高山脊的山巅都会从水中浮出来。只有在拍打零星散布在水面上的暗礁时，原始海洋的浊浪才会变碎，并泛起泡沫。而在其他没有海岸的地方，海浪一个接一个地打过来。很快，从海底深处升起的陆地逐渐成形，同时，不断遭到破坏的地球的外壳重新得到修整。

最后，要摆脱掉水分的大气层已经没有多余的水分了，甚至连我们如今这种由水汽凝结形成的云都没有。科学家们几乎都是根据已知的找出未知的，根据结果推出原因，根据看得见的推测看不见的，从而得出这些宏伟的景观的形成原因。我只想说，海洋最有可能的成因就是：上下层的水之间发生分离，即"天空上的水与天空下的水发生分离"。这是一位宗教历史学家在3500年前提出的，现在的科学已经对此进行了证实。

当地表上有大量的高温雨降落时，地球的外壳就会发生巨大的变化。高温雨会破坏最初形成的岩石结构，使其整体变得十分松散，同时会溶解大量的岩石。而一切未能被溶解的物质还会被强劲的海浪瓦解、粉碎。此后，大量的碎石、沙砾、淤泥和黏土不断累积，使海洋成为充满热泥浆的流体。当不再有气泡从海水中冒出时，水温开始下降，溶解力也随之下降，慢慢沉淀的泥土就变成了最深处的花岗岩床的第一层沉积物。

陆地在这个时期，或者更早的时候，开始从浩瀚海洋的深处浮到海面上。每一天，地球外壳的破裂和褶皱都在加剧，就这样形成最初的陆地。最初的陆地与我们现在的陆地是截然不同的。特别是法国，它只不过是浩瀚海洋中的一些小群岛。而现在最大的这块陆地当时在海底沉寂了很长时间才慢慢地上升，哪怕到了今天，它依旧在慢慢地上升，对此，可以用我之前提到的例子加以证明。要想形容最初形成的陆地，再没有比"干旱"更合适的词了，因为除了由地下熔岩活动形成的光秃秃的岩石外，它上面什么都没有，一两个火山岛一片荒芜，如同格雷厄姆岛一般。但是，在种种机遇下，生命出现了，贫瘠的土地上也开始出现了草地。

在最初形成的泥浆彻底沉淀下来后，海水变得非常清澈，同时，各种各样的生物也在海里出现了。河流、小溪、海浪不断地对陆地进行冲刷，将陆地上的各种矿物质带进海洋，并使其堆积起来形成海床。从开始到现在，海岸不断地受到海水的侵蚀，被冲走的矿物质都在海底沉积下来。从各条河流流入的沙、泥浆、沙砾等，和其他壳类动物的尸体一样，都在海底沉积下来，逐渐变硬，形成坚固的岩石层。后来，地球内部的岩浆不断地喷出地球表面，将海洋蒸干，使它成为一片干地。所以，现在在我们陆地的岩石上，乃至高山上，都能找到壳类海洋生物的化石。

地球外壳是由两种不同的岩石组成的，而形成这两种岩石的两种不同的机制就是火与水。第一种岩石是由从地表喷涌出来的地球内部的熔岩形成的；第二种岩石是由（海浪）从陆地冲刷入海底的各种矿物质聚集在一起形成的。第一种岩石叫深成岩，表明它是由地球内部流体物质的喷发形成的。人们还以掌管地府的神的名字为深成岩命名，将其称作冥王岩。第二种岩石叫沉积岩，这个名字来源于拉丁语，意思是"沉淀"，因为它是由海底的矿物质沉淀组成的。人们还以海之神的名字为沉积岩命名，将其称作海王岩。

任何固体物质在受热熔化后，经过慢慢冷却都会结晶，形成的平面晶体形状十分规则。就像我们看到的糖一样，尽管糖的结晶方式与此不同。（糖是一种可溶性的物质，当溶解可溶性物质的液体蒸发后，它就会结晶。糖和盐就是通过这种方式形成的，当溶解它们的水蒸发后，它们就会结晶。）因此，当地球内部的岩浆从地表喷出并慢慢冷却后，会结晶，形成深成岩；而且，它们实际上通常都是由无数的小晶体组成的。

在这些结晶岩中，花岗岩是最普通也最值得关注的，它的名字是从它清晰可见的粒状结构得来的。花岗岩是由石英（硅石）、长石和云母3种不同的晶体混合而成的。我们知道，有一种矿物质在与铁摩擦时能够发出火花，同时形成白色的鹅卵石。这种矿物质就是石英，也叫硅石。颜色极其丰富的玛瑙、打火石以及比玻璃还透明的水晶都是硅石。硅石和很多种物质混合后，可以形成种类繁多的矿物质，这些矿物质一般被叫作硅酸盐。白色不透明的长石就是一种硅酸盐，它是由硅石和石灰混合而成的，它最特别的地方就是晶体为椭圆形。云母是一种很小的硅酸盐，有时会像金银一样发出耀眼的光芒，所以常被误认为是某种贵金属。过去的石英砂纸上的那些发光的点就是云母。云母的主要成分是黏土。

我就不再进一步分析深成岩的复杂结构了，不过还是要强调一点：它们都是由硅石与各种物质混合而成的硅酸盐，而且大多数硅酸盐与铁发生碰撞后都会产生火花。晶体的形态以及硬度的不同是各种硅酸盐的区别所在。

在沉积岩中几乎看不到深成岩的这种晶体结构，这是意料之中的事，因为沉积岩是由在海底堆积的层层松散的沉积物经过长期的固结形成的。最普通的沉积岩的组成成分是石灰，比较常见的有粉笔、大理石以及石灰岩。这些物质中都含有石灰和碳酸气体——一种无形的气体，基本成分相同。它们共同的特性是：当它们与一种酸性比碳酸强的酸发生反应时，就会释放出气泡，这些气泡就是碳酸气体。而深成岩则不具备这一特性。

另一种沉积岩的组成成分是各种各样的黏土，通过它们的用途很容易地就能将这种泥质岩辨认出来。加了水的泥质岩会变得非常柔软，让人能够对其随意造型；黏土和石灰粉混合可以形成泥灰岩；海水从陆地夺取的大小不同的矿物碎屑经过摩擦后可以形成各种各样的沙子和光滑的鹅卵石；还有一种由结构非常紧实的沙砾形成的砂岩，它的硬度也很大。

组成沉积岩的物质在海底沉积形成了厚度不同的规则分布的水平岩层或岩床。这种岩层即所谓的地层。这些沉淀在海底的矿物质和其他物质会形成一系列地层，有泥质层、石灰岩层、沙质层等，最先形成的是最下面的地层。要是外界力量没有对这些地层进行干扰和破坏，它们就会一直保持水平。后来，许多地层都发生了扭曲、变形、破裂、移位，不过它们的水平结构都始终保持不变。由于海水作用形成的水平分层是地球外壳最大的特征之一。而深成岩并不具备这一点。在从沉积岩的裂缝流出的液体的推动下，深成岩发生了断层，原来的组成结构遭到破坏，最后形成了锯齿状的悬崖峭壁或孤立的山峰，有的形成圆顶小山墩或圆顶锥形山丘。但是找不到一个可以显现出规则的组成结构的例子。简单来说，深成岩不具备分层。

最后一点，沉积岩中一般都会包含大量的有机生物石化了的遗体，既有动物的，也有植物的，它们都曾经在沉积岩形成的地方——深海生存。这些动植物石化了的残骸被我们称作化石。其中数量最多的是贝壳类和鱼类的化石，有些岩石完全由这种化石组成。而由地球内部炽热的岩浆形成的深成岩中是没有这种化石的。

组成地球外壳的两种岩石的不同之处见下表：

名称	沉积岩	深成岩
形成物	沉积于海底的物质	地球内部的岩浆
是否为晶体结构	一般不是	是
是否按规律分层	是	否
是否含有有机动植物化石	大部分含有	不含有
组成岩石	大部分由石灰岩组成	各种硅酸盐，不含石灰岩
是否与酸发生反应	一般都可以与酸发生反应，并释放气泡	否

第十三章　山　脉

在与史前海洋进行的地球争夺战中，地球内部岩浆占领的陆地面积，也就是现在的陆地总面积，约为整个地球表面的四分之一；余下的四分之三都是海洋。陆地这一整块并不是一次形成的，而是在地壳的扭曲、断裂、皱褶和其他运动的作用下逐渐形成的，因此地表才会杂乱无序、毫无规则。比如，有些地方是与海平面几乎持平的广阔平原；有些地方是嵌入到地球内部的幽深沟壑、深渊，以及耸入云间的山峰；其他地方则是一点起伏都没有的高原。就是因为地表具有高低起伏的变化，很难将其视作一个整体，所以我们下面要讲的测量地球表面不均匀程度的方式，将对我们有很大的帮助。

假设铲平欧洲所有的山脉，然后用得来的土将平原和山谷填满，使欧洲大陆彻底变成一片平地，如同有人用一把巨大的耙子从头到尾把它抹平了一般。整片欧洲大陆在被基本抹平后，只比海平面高出205米。这个数字表示的是欧洲的平均海拔。用同样的方式，通过估算得出的南北美洲的平均海拔是285米，亚洲的平均海拔是350米。至于非洲的平均海拔还无法确定，因为我们对这块大陆的内部结构了解得不多。

地球上全部陆地的平均海拔约为300米。如果将地球表示为一个直径为2米的球体，这个高度也就相当于一张纸的厚度。尽管这层表皮很薄，却一直在遭受着面积是陆地面积3倍的海洋的侵蚀和众多河流的冲刷，而我们就在这样一片薄薄的土地上生存。

可以用什么将地球表面微不足道的小疙瘩铲除，把它们还给海洋呢？只需要将控制强大自然力的那股力量收回即可，这样的话，地球内部岩浆在第一次爆发时，就会使陆地崩塌，沉入海底。1822年在智利发生的一次地震，就使面积超过6000平方千米的智利大陆的平均海拔增加了1米。这样的震动在海底发生300次就能让大小与现在相同的陆地浮出海面，而同等级的震动在地球内部发生300次也能让这样一块大陆消失，不过，这种现象是不可能出现的。陆地之所以能够保持基本稳定，肯定是因为有某种强大的机制在对它的平衡进行保护，这个平衡不断地受到威胁，又不断地被维护。

不难看出，陆地的面貌因无数的不规则而变得不尽相同是有原因的。要是所有浮出海面的陆地，都形成了我们之前在对欧洲的平均海拔进行估算时提到的那种不间断的高原的话，这个世界会是怎样呢？它将是一片人烟稀少的十分单调的领土，或许就是一片荒芜的沙漠。

实际上，宏伟的山脉在使这个世界变得更加美丽的同时，它妩媚的轮廓和高高的顶峰也会使地球表面变得更多样。此外，它们还有更重要的作用：它们被认为是土地肥沃的主要原因之一，因为要是没有它们，地球的水就不能进行正常循环了。冬天，白云笼罩的山峰上落下的雪聚集起来，储存了大量的冰，慢慢融化成水，为各种各样的水提供补给；而山坡在暴风雨的侵蚀下，形成了适宜植物生长的土壤，接着这些土壤会被雨水冲到山谷里，使山谷的土壤变得越发肥沃。所以，从山顶到山脚的整座山，都在不断地哺育四周的平原地区，为种子提供生长的必要条件——水，还有肥沃的土壤。

故事还没完。陆地的表面非常不均匀，有平原、山脉，还有山谷，它不仅多产，而且产品的种类繁多、富饶多样。潮湿的低地有绿色的草地，平原上有丰富的庄稼，山坡上有葡萄园，山上有森林。地下熔炉把地球表面变得很不规则，光秃秃的山顶是为了滋润山脚周围的平原地区，而那些常年被雪覆盖的高高的山峰是赐予陆地的无价的礼物。

地球外壳的一部分倾斜上升或垂直上升会形成延绵不绝的群山，继而组成山脉。也就是说，山脉之所以会形成，首先是因为地壳的褶皱运动，其次是因为分离。让我们来看看形成山脉的两个主要步骤吧。

先用两根手指夹住12页书，再多几页也行，然后把它们一起往右侧或左侧折叠，这时从上往下看，可以看到圆弧形的折痕，这几页纸保持着它们的相对位置，与此同时，它们层叠向上，弯曲度完全相同，而最下面的那一页会在底部留出一些空间。向折叠的书页施加横向的压力时，书页之间的折叠顺序不会发生任何改变，只会整体向上突起。当地球内部的岩浆活动对由沉积岩形成的地球外壳的地层产生巨大的横向的作用力时，这些地层就会像书页一样，在不改变原来的叠加顺序的情况下整体向上隆起形成山脉，我们将这种现象称作褶皱。

当然，由巨大的岩床构成的地球外壳的地层并不像书页那么容易弯曲。它有些地方的厚度达到了1000米甚至更多。不管怎么说，在这股能让岛屿浮出海面、让陆地发生断裂的不可抗拒的力量面前，地层软得就像蜡一样。对我们而言，好像很难理解地层的褶皱，因为我们总是会在不知不觉中将我们所能掌控的类似手段拿来和参与这项巨大工程的力量相比。而我们所能掌控的手段就是不值一提的机器设备，它最多只能将一块体积为几立方米的岩石举起来，这与能够使地壳发生震动、将喜马拉雅山脉和安第斯山脉举起的地下能量比起来，又算得了什么呢？然而就算这些山脉再高大再宏伟，在与地球的大小相比时，也显得不值一提了。那么，就不难理解山脉的形成了——它只是地球外壳看上去庞大坚硬的地层在受到巨大的横向压力的作用力时，发生褶皱后形成的，如同在我们手指的作用下折叠弯曲的书页一般。

在因地层弯曲而形成的穹顶底下，也就是在地表下面，肯定留有一定的空间。不过很明显，地壳下的岩浆一直在沸腾，由此，山脉中的花岗岩或其他深成岩才得以形成。因此，如果从山顶到山底将其中的一座山纵向切开，那么首先从横断面看到的是沉积岩褶皱形成的连续不断的纹路，这些纹路与山脉的轮廓一致，在这些沉积岩下面，就是由深成岩构成的山脉的核心部分。侏罗纪时代有一些山脉的形成原因就是地壳的褶皱。

但是，地球外壳的沉积层形成的地层在强大的压力作用下，并不总是那么容易弯曲，有时也会发生断裂。这时，裂缝就会穿过褶皱处地层的厚度，而透过这些裂缝，地球内部的岩浆会从地表喷发，造成山坡上的沉积岩的断裂，同时也形成由深成岩组成的山峰。勃朗峰的结构就是这样的，花岗岩形成了它的山峰，沉积岩形成了它的山坡和山底，而沉积岩又包括泥灰岩、石灰岩和砂岩。

总而言之，山脉主要有两种：一种形成于地球外壳产生的规律的褶皱，由一系列弯曲程度相似的深成岩组成，至少从外形看它们都是圆弧形的；另一种形成于地球外壳的褶皱发生的断裂，大量的深成岩将褶皱分成两半，整条山脉的框架和山峰都是由这些深成岩构成的。所以，能在地球表面找到的深成岩几乎都组成了山脉的核心和山峰，而向上倾斜的沉积岩则组成了山坡和山底，比如比利牛斯山脉和阿尔卑斯山脉。我们可以通过深成岩的显著特征，迅速对一条山脉是否由两种岩石混合形成做出判断。比如，花岗岩肯定是以流体形式从地表喷出的地球内部炽热的岩浆形成的，如同现在火山喷发出岩浆一样。我们应该对这些例子多加思考。

喷发物始终保持高温状态，穿过由各种沉积物形成的地层到达地球外壳，这证明当时的地表也处于高温时期。这个温度被它经过的泥质岩、石灰岩和各种各样的砂岩清楚地记录下来，如同炉边烧红的砖头将锻铁炉的温度记录下来一样。阅读完下文以后，你们将会对此了解得更清楚。

受热后石灰石会分解，并溢出碳酸性气体，剩下的就只有石灰了。石灰就是这样形成的。不过要是把石灰石放进一个密封的金属容器里，就不会有碳酸气体跑出去，石灰石也就不会发生分解了。在此情况下，石灰石会熔化，不过它的化学成分不会发生任何改变，在慢慢冷却后，可能会变成晶体，也就是普通建筑用石、原始石灰石或粉笔的最初形态。我们可以从实验中看到一种透明的结构紧实的白色大理石，像糖一样。第一次完成这个实验的是物理学家詹姆斯·焦耳。我们可以通过加热，使粉末状的粉笔成为坚固的大理石。

石灰石在接触到熔化的花岗岩或别的深成岩时，会在深成岩产生的巨大热量的作用下，变成大理石，由此产生的大理石有纯白色的，也有彩色的。所以，这时被迫以液体形态从沉积岩层穿过的这些深成岩带有的热量即为焦耳的试验中需要的，因为，埋在深层的石灰石一旦靠近或接触到这个热量就会熔化，使得碳酸气体无法从石头里跑出去。同样，在深成岩演进的过程中，煤炭一碰到它就会放出自身含有的气体，就像现在的煤气工厂那样，从煤炭中分离出气体，而且采用的分离方式都十分巧妙。同理，沙子可以被玻璃化，变成玻璃的物质，也就是石英。黏土也会如同在陶工的火炉里煅烤过一般变硬。

我们可以从这些在世界各地观察到的事实中，得出一个十分重要的完全正确的推论：出现在地球表面的形成主要山脉框架的巨大花岗岩的存在状态是炽热的液体，现在它已经冷却下来，并硬化了。在还未形成耸入云间的高山，山顶没有出现终年积雪时，它们就在巨大的地下火炉里翻腾着，如同岩浆热浪一般。

陆地并非始终都是如今这个样子的，关于这一点，我已经跟你们讲过了。它们慢慢地一点点形成，随着地球外壳不断发生破裂，形成新的褶皱，水平面上升，海洋始终被控制在一定的范围内。所以，山脉形成的年代并不完全相同，有些比其他早，它们的改变将我们的地球在进化过程中的各个阶段都记录下来了。研究地球，有一个问题是绝对不能忽略的，即山脉的年龄究竟有多大？

亲爱的读者们，我们从这几个字中，听到了来自远古时代的呼唤。我们非常乐意通过鞠躬的方式向它远久的历史表达敬意。当旅行家看到与法老同处一个时期的埃及金字塔时，心中充满敬畏。那么又有谁会无视这些山呢？就算全人类一起合作也不能立起这些巨大的山，它们在人类还未出现时就形成了，无人能够见证第一块石头的形成。山脉的年龄到底有多大呢？恐怕只有上帝才知道需要多少个世纪才能形成地层的最底层。所以，科学也无法对任何一条山脉的形成年代做出判断，他们只能简单地告诉我们这些山脉四周的平原地区形成的先后顺序。而在我看来，也许可以判断大山脉形成的先后顺序，简单地说，我们仅能对它们的相对年龄做出推断。比如，我们可以确定：比利牛斯山脉的组成成分在侏罗山脉完全形成之时才刚刚在海底沉积，而阿尔卑斯山脉在比利牛斯山脉已经形成之际，还只是海底的一部分泥土。所以，我们可以推断，这三座山脉按形成的先后顺序排列依次是侏罗山脉、比利牛斯山脉、阿尔卑斯山脉，不过，我们能肯定的也只有这一点而已。让我们对这一点小小的却十分重要的信息是怎样获得的进行探索。

各种各样的矿物质从远古时代起就已经开始在海底沉淀了，经过几个世纪，这些沉淀物变得又紧实又硬，形成了厚度一般都很深的水平的岩石

地层。这些地层的组成成分不尽相同，有些含黏土或细沙，有些则含有石

灰石，而且鱼类动物和壳类动物的化石的种类也不相同，这是因为随着时

间的流逝，海洋生物在不同的时代是非常不一样的，这一点与陆地生物相

同。我们对此就不再进行详细介绍了，现在我们假设在海底只存在3种沉

积岩，那么这3层中历史最悠久的就是最底下的那一层，最新形成的则是

最上面的那一层。至于中间那层（也就是图16中的2层）的形成时间很明

显介于1层和3层之间，即在3层之前、1层之后。

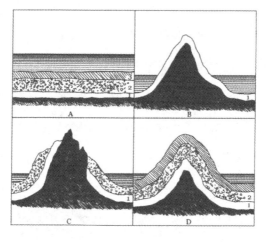

图16

假设它们是以上面这种方式发生褶皱，并从海底浮现出来，形成山

脉，那么这3层弯曲的角度就会保持一致，如图16中的D所示，一起构造

出山脉的框架。如果在3层还未形成之前，海底的另外一部分提早隆起，

那么这条山脉显然也就只有1层和2层了，如图中的C所示。如果是在2层

形成之前、1层形成之后发生隆起，那么就会由1层单独构成山脉的框架，

这说明这条山脉是在更早的时间形成的，图中的B表示的山脉的横断面就是在这种情况下形成的。图中的B、C、D清晰地表示了3条形成于不同时间的山脉的特征，因为B在还未形成其他两层沉积岩之前就形成了，所以它应该是最先形成的；之后形成的是C，与B相比，C多了一层；D是最后形成的，因为从图中可以看到D已形成3层沉积岩。

科学告诉我们这样一条规律：如果一条山脉与另一条山脉相比所含的沉积岩的层数多的话，那就证明这条山脉的形成时间晚于另一条。之所以确定比利牛斯山脉晚于侏罗山脉，是因为比利牛斯山脉上面覆盖着某种石头，而侏罗山脉上面没有；而之所以确定阿尔卑斯山脉晚于比利牛斯山脉，是因为在比利牛斯山脉上面无法找到组成阿尔卑斯山脉结构的地层。可以用这种方式对地球外壳断裂导致陆地形成的几个主要阶段进行判断。

下面是世界上一些主要山峰的相关情况。

亚洲			
名称	所属山脉	高度	地理位置
珠穆朗玛峰	喜马拉雅山脉	8844.43 米	中国与尼泊尔交界处
干城章嘉峰	喜马拉雅山脉	8844.43 米	尼泊尔与印度交界处
厄尔布鲁士峰	大高加索山脉	5645 米	俄罗斯
亚拉特山	/	5350 米	土耳其、伊朗、亚美尼亚三国交界处
克柳切夫火山	/	4800 米	俄罗斯

欧洲			
名称	所属山脉	高度	地理位置
勃朗峰	阿尔卑斯山脉	4810 米	法国与意大利交界处
杜富尔峰	阿尔卑斯山脉	4630 米	瑞士与意大利交界处
马特洪峰	阿尔卑斯山脉	4505 米	瑞士与意大利交界处
少女峰	阿尔卑斯山脉	4180 米	瑞士
马拉德塔山	比利牛斯山脉	3480 米	西班牙
佩迪多山	比利牛斯山脉	3405 米	西班牙
埃特纳火山	/	3315 米	西西里
派都迷笛山	比利牛斯山脉	2875 米	法国
冯杜山	/	1912 米	法国
多尔山	/	1900 米	法国
康塔尔峰	/	1855 米	法国
那多勒山	/	1680 米	法国
多姆山	/	1470 米	法国
圭比维勒橄榄山	/	1430 米	法国

非洲		
名称	高度	地理位置
乞力马扎罗山	6100 米	坦桑尼亚
阿特拉斯山	3465 米	摩洛哥
内日峰	3065 米	留尼汪岛
桌山	1350 米	南非

南美洲		
名称	高度	地理位置
阿空加瓜火山	7150 米	阿根廷
萨哈马火山	6810 米	玻利维亚
钦博拉索火山	6530 米	厄瓜多尔
科多帕希火山	5755 米	厄瓜多尔
皮钦查火山	4855 米	厄瓜多尔

大洋洲		
名称	高度	地理位置
冒纳罗亚火山	4800 米	夏威夷岛
蓝山	1070 米	澳大利亚

南极洲	
名称	高度
特罗尔山	3750 米
埃里伯斯火山	3700 米

第十四章　河谷和平原

　　如果园丁想对他的花园进行最有效的灌溉，他就会在花草树木所在的河床处挖一系列水渠，这些水渠会将河水引向需要它的地方，不让它被浪费。我们的地球就好比是一座大花园，山脉是储水的水库，河谷是灌溉水渠的所在之处。地球表面每一处大大小小的沟壑都是河流的通道。

　　那么最初这些灌溉水道是怎样形成的呢？是河流在流过地面时自然而然地形成的吗？不是的。河流凭借自己的冲力能在岩石上开出水道来吗？急流可以将坚硬的花岗岩吞噬，在山上形成深不可测的水沟吗？细细的河流经过几千年会穿透矿物质形成的紧实地层吗？当然不会，这需要的力量比微不足道的水流力量大得多。不过，河流确实能够加深河道，降低河岸，尤其是在河床快速下降的时候，但是河流很少能在自己最初流经的地方形成河谷。这主要是因为地下产生的强烈震动，形成了被我们叫作山脉的山脊和被我们叫作河谷的沟壑。地球内部的岩浆活动导致了地球外壳的褶皱和断裂，在地面切断了山脉，开出了水道，从而形成了如今的波光粼粼的小溪流经的数不清的通道。每条河流经的路线都是提前设计好的，河流一定会沿着设计好的路线流动，而且在某个已经成形的河谷的大水道里形成河床就已经达到了它的冲蚀作用的极限。

但是，流水在土壤上形成沟壑是十分容易的，可以肯定，这种流水的冲蚀作用足以在土壤上开出水道，就像如今我们经常可以在大雨过后，看到雨水冲蚀土壤表面形成的水沟。由于冲蚀作用形成的河谷都不怎么重要，又很浅。其他河谷的形成原因可能是地球外壳的断裂或褶皱。由于地球外壳的断裂形成的河谷山坡十分陡峭，有时两边的山坡向外突出的部分离得非常近，如果从两侧向中间施加作用力，会发现这两边几乎是完全契合在一起的，根本无法看出它们曾经分离过。由地球的褶皱形成的河谷山坡一般比较舒缓，只在连续褶皱的地方有水槽。

如果把一团黏土压平，再轻轻撕开，那么可以将每个撕裂口都看成是因地球外壳断裂形成的河谷；要是从两边用力向中间推，中间就会隆起形成褶皱，而出现在连续褶皱之间的每条水道，就是在前面介绍的那种河谷，如果让河流流淌在它的表面，就会形成很浅的小水沟，这就是由于水的冲蚀作用形成的那种河谷。我们的地球就跟这团黏土差不多，尽管它的表层的组成成分并不全是软的黏土，但是也既存在着由地球内部的岩浆活动形成的河谷，又存在着由河流冲蚀作用形成的河谷。

纵谷指的是分开两条平行山脉的河谷，它延伸的方向与两边斜坡地质构造线的方向相同。我们可以将其表示为由屋檐连接的两片屋顶之间的 V 形房顶，而这两片屋顶代表的就是两条山脉。横谷指的是形成于两边的山坡上的竖直贯穿整条山脉的河谷，它延伸的方向与两边斜坡地质构造线的方向相交，与从屋梁向屋檐延伸的排水沟差不多。大多数横谷是由与它大小相似的流水灌溉的，山上融化的雪是它的主要水源，雨水是它的特别水源。流经这些小河道的溪流最终都注入纵谷底部的主流，与此同时，来自左右两边山坡上的分流也不断流入纵谷底部。

山脉的山脊线或分水线指的是从一条山脉两边的山坡下来的水流之间的分界线。位于河谷两边山坡汇合处的谷底线与此类似。这条线是纵向经过河底的，因此也被看成是一种倒置的分水线。这个河谷的灌溉河流一直沿着这条谷底线流淌。

某些河谷，尤其是地理位置非常高的河谷，不会扩大且逐渐并入四周的平原，而是会被四周的山围住。这种河谷一直试图寻找宽阔的出口，却总是受阻，只留下被叫作隘路的狭窄的水道。这样的水道在古时候被人们称为"民族的大门"，生存在这种河谷里的与世隔绝的居民形成了独立的部落或民族。这种水道在历史上比较出名的有里海之门、高加索之门、德尔摩比勒之门、伊苏斯之门等等。这种弯曲前行在 1500 米高的山墙之间的隘路也存在于安第斯山中。

有些河谷如同不规则的巨大的圆柱形围墙，类似地面的中间部分沉到非常深的地方，而四周像垂直的高墙一样将下沉地带包围了起来。这种围墙式的河谷一般具有很宽的水道出口。这种形状的知名河谷可以在比利牛斯山脉找到。由于形状的原因，人们把它们叫作"oules"，意为锅或水壶，在法国它们被叫作"cirques"（意为圆形竞技场或马戏场）。以下是最值得注意的：一说起瀑布就必须提到的位于加瓦尼尔的河谷，以及位于希斯的河谷。著名学者雷曼德毕生研究比利牛斯山脉，他曾经对圆形竞技场式的河谷做出过这样的描述：

我们在到达这种圆形竞技场式的河谷时，都感到十分震惊。两座包围着我们的大山突然分离了，向左右两边延伸，从我们所在的位置对它们进行观察，可以看到它们好像弯成了巨大的月牙，其中的一个角在我们这边，而且有两块如同两座堡垒一样的巨大的岩石突出来。另一个角，即另一条延绵不断的狭长的山脉，光秃秃的，被云遮住顶端的圆形岩石峰位于它的顶部。在两个角的连接处可以看到吹茅斯山峰，在它上面矗立着像针一样尖锐的冰川，一旦有人从山坡上掉下就会摔得尸骨无存。被包围的地方可能就是无底洞或深渊，要是它不太大的话，就可以将被围起来的空间称作深渊，因为它的周长有1万米，而且海拔不会低于800米。里面有广阔的天空，碧绿的草地，还有新鲜的空气。在这片草地上生活着无数的羊，对它们而言，食物基本上是吃不完的。哪怕有300万人在这里，也不会感到拥挤，因为它足以容纳1000万人。在这片宽敞的围墙里，这样一片广阔的平原就位于比利牛斯山脉的顶部，旅行家来到险峻的山脚下，都渴望一饱眼福，不过在此之前必须先冒险越过险峻的峭壁。

横谷从一条山脉两边的山坡上下来后，可能会在最高点汇合。这样一来，两个峡谷汇合的最高点就会发生凹陷或被切断，我们将其称为闸门或槽口。也就是说，一个斜坡和另一个斜坡相接的地方即为槽口。会有山脊的一部分在两个连续槽口之间独立隆起，这部分隆起的山脊叫作山峰。槽口是两个向相反方向延伸的横谷的共同起点，山峰是两座延伸到相反方向的几条山脉或横向山脊的起点。

平原被分成高地平原（也就是高原）和低地平原（也就是普通平原）两种。高原通常作为高山的根基，指的是地球表面陆地较完整的大面积隆起的地区。高原是由原始海洋底部上升形成的，可以被看成是陆地的核心，最后才出现了低地。最重要的一些著名高原及其海拔如下：

名称	海拔
奥弗涅高原	331 米
巴瓦瑞亚高原	507 米
卡斯蒂利亚高原	682 米
墨西哥高原	2281 米
基多高原	2905 米
青藏高原	4000～5000 米
秘鲁高原	3919 米

让我们将关注点投向十分有趣的奥弗涅高原。那是在远古时代，尚未出现人类以前（不过离科学将它的神秘面纱揭开的那天并不远）。现在形成的欧洲大陆在当时还只是一些由深层岩形成的群岛和一些由花岗岩形成的岛屿，在浩瀚的海洋中散布着。伦敦和巴黎，这两个后来形成的两个地区的首都，还在海底深处埋藏着。组成欧洲的地层已在海底沉积，未来法国的雏形以及一些岛屿已经浮出海面。最初形成的干地为现在的欧洲大陆的形成和法国母亲的诞生做了见证。布列塔尼地区、阿登高地以及奥弗涅高原的形成比阿尔卑斯山脉、比利牛斯山脉、侏罗山脉还早。现在这3座

海岛已经消失了，与原始海洋消退后暴露出的辽阔土地融合了。

地表由于受到巨大的向上的作用力而上升到海平面上形成了奥弗涅高原。它是陆地上最早形成的高原之一。奥弗涅高原有两个海湾，朝南的那个宽一点的后来形成了贫瘠的拉扎克地区，而朝北的那个则形成了富饶的利马涅平原。两个海角使这个古岛被加长了，南边与黑山相对，北边形成了如今勃艮第的一部分，由花岗岩形成的高原位于它的中间部分，环绕了如今的维拉、奥弗涅、利穆赞还有弗雷。法国的大多数火山（如今都成了死火山）都在这片领土上。

由于高原的地势高，极有可能在雨水的冲刷以及河流的冲蚀作用下变得十分贫瘠。肥土流失到四周的低地上，使平原地区的土壤变得富饶。所以，有些高原底部的土非常肥沃。比如由石灰岩组成的塞文山脉西部的拉扎克高原，它的面积有120平方千米，那里到处都是燕麦田，唯一能够种植的庄稼是马铃薯。有些地方，方圆几千米内，一条小河或一棵树都看不到。不过，有许多羊群生活在这个高原上，当地居民就是以它们的副产品为生的。同时由于高原的地势高，也造成了寒冷的气候。拉扎克高原尽管地处南部，却经常下雪，因此人们不得不每隔一段距离就在高速公路上设立一个指示路标。

热带地区的高原就如同沙海中凸出的岛屿。虽然地处热带，温度却很适宜。与低地平原相比，这里的高原形成了一个不一样的世界，在这儿生活的居民与低地平原的居民比起来，在健康、生活方式和文化方面都有很大差异。热带地区的平原常年高温，沉积的污水散发出的蒸汽将那里的空气都污染了。基多高原、秘鲁高原和墨西哥高原都是位于热带地区的高原。基多高原几乎就在赤道上，在它的上面有山峰常年积雪的皮钦查山、安第斯山以及钦博拉索山。繁华的基多市四季如春，位于海拔比终年积雪地带还高出2900米的地方。秘鲁高原有著名的银矿区，它的海拔接近勃朗峰的高度，是4165米。墨西哥城是墨西哥的首都，它的海拔是2275米，法国内陆地区一条能达到这样高度的山脉都没有。来自欧洲的探险家抵达美洲大陆后，就是在基多、秘鲁和墨西哥这三大高原上发现了最古老的人类文明。

低地平原的面积远大于高原，几乎占了大半块陆地。有些平原的大部分土壤都非常肥沃，它们的组成成分是河流冲刷形成的冲积土。卢瓦尔河、罗纳河和塞纳河都流经这类平原。而通过别的方式形成的平原，有些是沙地平原，有些是由光滑的圆形鹅卵石组成的，都不适合农业生产。位于罗纳河口附近的克罗平原是法国最著名的鹅卵石组成的平原。按照古代神话的记载，赫拉克勒斯是希腊的大力神，经过一段远征后，他在这里安顿了下来。他在这片土地的终端用双手挖出了直布罗陀海峡，开辟了航海家经由地中海通往大洋的道路。在他冒险返回故乡希腊的途中，几个巨人对他发起了攻击，虽然他只用双手就可以将一切征服，但是当天上的石头接连不断地落下时，他也只能选择屈服。从那以后，这里就成为由石头组成的荒原。

对此，科学做出的解释更加简单也更具说服力。在很久以前，一条大河的急流带着大量的小石头，从阿尔卑斯山上以极快的速度倾泻而下，使地面发生龟裂。后来，这条河变成了杜兰斯河，它流经的地方都形成了陆地上的沟壑。在那股急流消失后，它带来的小石头形成了如今的克罗平原。虽然这块卵石地看上去十分干旱，但是在一年中的大多数时间里都有大量的羊群在这里生活。新鲜可口的青草长满了小石头之间的缝隙，羊会翻开小石子，然后把新鲜的草吃掉。当天气变热时，草地就不见了，这时羊群会往多芬尼山迁徙，并在途中不断更换栖息的地方，直至找到适合的牧场。

从吉伦特河到比利牛斯山之间是一片荒野，它的名字来自自己的特征。这是一片看不到边际的沙漠，平坦的沙子上覆盖着毫无生气的粗糙的草。踩着高跷的牧羊人，跟随羊群，平稳地从这片贫瘠的草地跨过。跟欧洲中南部一样，法国很多地方都有那种贫瘠的土地，几乎都是荒野，只有十分粗糙的草场。威斯特伐利亚的吕内堡有 2 万平方千米的荒原。准确地说，那些踩着高跷的牧羊人是从加斯科尼平原来的。

从大西洋到红海之间的整个北非都是荒原，它的面积相当于 3 个地中海的面积，这片荒原被认为是到相对近代时期才从海浪中冒出来的某片史前海域的海底，海浪曾经对它上面的沙砾进行不断地冲蚀。对此，一系列的盐湖、贝类海洋动物的沉积物、散播开来的黏土、和大理石一样白的盐岩都给出了证明。位于这片荒原内陆的就是炎炎烈日下无比荒芜的撒哈拉沙漠。行走在沙漠里的大篷车连续很多天也碰不到一个活的生物，甚至连一棵树、一丁点小草都看不到。沙漠就是如此，到处都是死一般的寂静，看上去一点生机都没有。选择在这里生存的动物，只能喝空气，吃沙。满天飞舞的沙子形成了狭长的山脊。

有时紫罗兰色的雾会将太阳挡住，同时带来入侵这片干燥的领土的又热又毒的西蒙风。风在刮起大片的沙地之后，又释放了它，这时，一片沙海就会如同海浪一般滚来滚去。当这样的沙尘暴将大篷车困住时，骆驼就会自动将车子围起来，赶驼人则会躲在中间。一般来说，这种防护措施都起不到什么作用，周围炽热的空气会使赶驼人和骆驼因窒息而死。

但是要是暴风雨也会出现在这样的沙海中，那么就可能存在专属于沙漠的岛屿，地面的缺口处也可能会存在水源，这样一来，植物也就能生存了。有水的地方，就会出现村庄，也就是撒哈拉部落得以生存的地方。绿洲指的是沙漠里那些能够看到植物生存的小岛。古代地质学家把撒哈拉沙漠比作美洲豹，就是因为这些绿洲的存在，他们用美洲豹的皮肤底色代表沙漠，而沙漠中的绿洲就是美洲豹身上的黑色斑点。

但是你会问，为什么在这么热的沙漠中会有水呢？而且绿洲的存在如此重要的原因是什么呢？我会对这些问题做出解释的。撒哈拉沙漠和其他热带地区一样，也有雨季。短短几天的降雨量之大足以形成洪灾——这才是真正的洪灾。每个沟壑都会有一股急流形成，不过这些河流不是永不干涸的，它们会把雨水带入海洋，雨季过后，炽热的沙海很快会把残留在沙漠上的水蒸干，因此河流根本无法在沙漠里存在。就这样，大量的水被储存在地面以下，阿拉伯人将其称为地下海，只要挖得够深，就能找到这些地下水库。在阿尔及利亚与法国的交界处又发现了自流井，它将再次拯救缺水十分严重的地方。

不同地方的大平原的叫法也不同，如干草原（特指没有树木的西伯利亚一带的草原）、热带稀树草原、热带草原、潘帕斯草原。在里海附近、俄罗斯，以及南美洲有世界上广阔的平原。根据亚历山大·冯·洪堡的描述，辽阔的南美大平原的北部可以生长棕榈树，南部却终年积雪。尽管这里有肥沃的土壤，还有雨季的灌溉，不过在欧洲人到来之前，当地人从不冒险涉足这些地方，因为当时这里还是没有水的沙漠。但是自从新世界被发现后，被饲养的牛群让这个地方变得生机勃勃，还可以在这里看到芦苇和皮革盖成的有房顶的小屋，这说明有人住在这里。

在大平原上的地下洞穴里，还住着一群群过着最原始生活的野狗。它们经常对人类进行十分残暴的攻击，而这里的人们也已经习惯了进行防御。在高高的草原上，还有不受驯服的马、牛、骡子，它们的数量庞大到要以百万计。大量进口这些动物的欧洲人都不由得惊叹这里的人们是怎样与如此大的危险和困难进行对抗的。大草原上一年分雨、旱两季。旱季时，原本绿油油的草地在太阳的直射下，干裂成一块一块的，天空压着荒芜的草地，仿佛要掉下来一般，只留下一丝丝光芒，空气变得十分沉闷，还有被风吹得满天飞舞的炽热的沙尘。鳄鱼和蟒蛇会在被烤干的黏土下面躲着，直到旱季过去，这就和我们这里的一些动物要冬眠一样。

同时，牛、马忍受着饥饿和干渴的折磨，在厚厚的沙尘的包围下，行走在沙漠里，牛不断嘶叫，马伸长了脖子，张大鼻孔呼吸，想要追赶四周尚未被吸干的空气。对这些动物在沙漠上走过的痕迹进行描述的是成千上万具骷髅。在布宜诺斯艾利斯，从1827年到1830年的持续干旱时期，有上百万头牛死去。发疯似的马、羊因为忍受不了饥渴而从它们生长的地方逃到了巴拿马河,不过其中的大多数都溺死了,它们的尸体还将拉普拉塔河的出口堵住了。

而比较聪明的骡子找到了解渴的办法。有一种上面长满了刺的圆圆的植物,有很多十分尖锐的边缘,它的中心是非常多汁的,这种植物就是仙人掌。骡子就用它的前蹄推开这些刺,然后把嘴巴凑上去,将里面新鲜的汁液吸出来。不过这种解渴的方式并不是绝对安全的,我们经常可以在沙漠里看到一瘸一拐地四处晃荡的骡子。

这里的白天极其炎热,晚上却极度凉爽,但是尽管如此,牛也不可能好好享受一次美觉;因为当它们准备睡觉时,可怕的蝙蝠又会来吸它们的血,背上被咬伤的伤口腐烂后,就会招来一群带刺的昆虫。更可怕的是,在这片地下长满蓟和干草的地方,经常会发生火灾,并且以风的速度蔓延。在火势逐渐扩大时,羊群恐惧地嘶吼着。如果被火从四面包围,就不会有生存的希望。这就是这些生物的悲惨生活,在草木不生的土地上,炽热的太阳一点一点地吸干每一滴水。

不过在雨季到来后,这里就会突然变了样。整片土地都非常潮湿,而且还长满了高高的草丛,草丛里躲藏着正在等待猎物的美洲豹,一旦有任何动物经过,它就会突然蹿出草丛开始捕猎。时不时可以在整片土地的边缘地区看到升上来的被水浸透的黏土,如同小小的泥火山爆发一般,这是在黏土之下藏匿的大水蛇或鳄鱼醒过来了,它们在第一场如同淋浴一般的大雨的浇灌下“复活”了。

　　整片平原迅速成为一片内陆海。而上半年在干裂的土地上生活的动物，现在又不得不适应两栖动物的生活方式。母马带着小马撤退到如同从宽阔的水域里升起的岛屿一般的高处避难。在大雨的浇灌下，干地一天天消失。为了寻找一片草地，成群结队的动物要游上数小时，到最后也只能找到一小块从恶臭水面下浮出的干地。小马不是死于溺水，就是死在了鳄鱼的锯齿状尾巴之下，然后被鳄鱼吃掉。尽管有些动物能够从这些凶狠的怪兽口中逃脱，但是也免不了遍体鳞伤。

第十五章　勃朗峰

　　谁没在夏天即将过去的时候，看到过从头上的高空飞过的成群结队的紫崖燕呢？它们尽情地在蓝色的天空中遨游，凭借自己强健的翅膀，轻盈地飞到云层上面，最快速度能达到120千米每小时。

　　深受上帝喜爱的鸟儿，你们是空间的掌管者，距离对你们而言，根本就算不上什么。与你们永不疲倦的翅膀相比，我们的机动装置简直太简陋了！有一个人在天快亮的时候出发去爬山，他走啊走啊，一整天下来走得筋疲力尽，等晚上到达山顶时已经特别累了。不过，尽管如此，这个人还是对他这一天取得的成绩感到很满意，因为他爬到了海拔为2000米的地方。当他欣赏眼前辽阔的风景时，自然会产生一种自豪之情。但是，他现在看到一些黑点正在从他脚下的峡谷深处升起，几乎无法看清它们是什么。慢慢地，这些黑点离他越来越近，然后经过了他所站的地方，继续直线上升，直到消失在天际。这些黑点就是正在追赶小昆虫的紫崖燕，人要花费一天的时间，累得筋疲力尽才能爬上来的地方，它们却只需轻轻一拍翅膀就能到达。它们在一瞬间就飞到了这么高，下一个瞬间，又飞到了农舍或牛舍墙上的某个洞穴里的鸟巢中。

　　人虽然不像鸟儿那样拥有强健的翅膀，但是人拥有更好的东西，那就是能够在面对困难时保持微笑的坚强。为了能如燕子一般敏捷地上升，人类就发明了气球和空气船；为了能对地球的大气进行更近距离的研究，人类就在很高的山顶设立了观察点，那里连老鹰都没有到达过。在对最高的山峰进行测量时，人类要以身体的疲劳为代价，有时甚至会面临失去生命的危险，而这样做仅仅是为了增加知识。人类已经登上了消失在云间的披着冰雪外衣的山顶。怀着对知识的渴望，带着不屈不挠的精神，人类就算面对更高的高度也决不会妥协！下面我将告诉你们一些有关勃朗峰的信息，它位于意大利和法国的交界处，在它后面有数不清的瑞士山。它以冰雪覆盖的圆顶统治着整个欧洲，海拔为4810米。也许你从远处就能看到，它那在太阳的照射下闪闪发亮的最高峰的顶点。

　　本尼迪克·德·索绪尔是日内瓦著名的科学家，人们将他看成第一个企图征服勃朗峰的人。那时他只有十几岁，为了获得科学的证据，他开始设计一个周全的能够测量最大山峰高度的计划。但是不管他怎么向所在教区的人们和夏蒙尼的村民宣告也无济于事，哪怕他会将一个了不起的奖项颁给那个能够找出通向山峰最高点的人。好几年过去了，尽管他每次都尽力去做，却依然没有获得成功。最后，勇敢的登山者——雅克·巴尔马特在他发出这个公告的20年后做到了。想登上最高的山峰是极其困难的，而且还存在很多危险，所以，他完全是凭借自己的勇气开辟了通向科学的道路。

　　那时的巴尔马特只有25岁，他天生有一双极为强壮的腿以及一个非常耐饿的胃。他对自己的挨饿能力进行训练，直到能够连续3天除了雪之外什么都不吃。征服勃朗峰是他的梦想，而且异常坚定，他甚至日日夜夜都在想。一个早晨，他在背包里放了一袋面包，穿上长筒靴，带上自己的铁制登山杖，就出发了。快要到夜晚时，他已经到了被雪覆盖的高原上。那里就连可以藏身的地方都没有，他却要在那儿过夜。他找了很长时间，才透过雪地找到一块岩石，岩石上有一处地方是干的。于是他就在那里停下来休息，坐在背包上，将自己的脸用手帕遮住，然后开始搓手跺脚，以便使自己的身体变暖。这个地方下了一整夜的雪，在天微微亮时，巴尔马特将几乎盖满全身的雪抖掉，继续前进。但是由于山上烟雾缭绕，再加上暴风雪，为了安全起见，他决定暂时停止前进。不过，为了不让之前取得的成绩白白浪费，他对周围的情况进行了探测，对最有可能的行走路径进行了观察。在度过了他到达那里的第二个晚上之后，他回到了夏蒙尼。身上结冰的雪在他到达地面时就全都融化了。

巴尔马特一回到夏蒙尼，就听说其他人也要去攀登勃朗峰，为了不落后于人，他决定再次出发。他们经过一大片冰雪地后，来到了两个悬崖之间的与勃朗峰的另外一边相接的岩石高脊前。其他人都说这狭长的高脊过不去，而巴尔马特却爬到了可怕的崖边，然后两条腿悬在山脊的两旁，骑坐在上面。被他的大胆举动吓到的同伴，非常担心这个新来的竞争对手，接着就返回了夏蒙尼。

巴尔马特经过艰苦的努力之后，也不得不承认他无法完成这个不可能的任务，因为当他以每天7小时的时间和精力攀登了1000多米后，这块难以跨越的岩石阻挡了他前进的脚步。因此，他慢慢地按照之前的坐姿往回退。发现自己的同伴已经离开时，他曾有一刻处于两难之中，不知道是应该跟着同伴回去，还是继续独自前行。突然，他有一种预感——这次自己肯定能成功，所以，他重新拿起了登山杖和背包，向另一个方向前进。

到晚上时，他已经爬上了一处高原。在这海拔达到4000米的地方遍地都是雪，还有一片面积约为5亩的梯田，常年遭受着冻风的搜刮和雪崩的袭击。哪怕到了夏天最热的时候，太阳照射下的水银的温度也还保持在0℃以下。到达那里时，巴尔马特感觉眼睛被反光的雪刺痛了，但他并不知道应该用面罩保护自己的眼睛。他觉得视线突然变得非常模糊，什么也看不清了，而且天也要黑了，因此只好停止前行，在冰缝里蜷缩着，等待天明。

想到在天黑前获得的一切，他不再觉得恐惧，继续忍受可怕的孤独。没有遮蔽的地方，什么帮助都没有，甚至不知道在那样的海拔高度还能不能正常呼吸，不过，面对这样的危险他还是鼓起了极大的勇气。对此，他是这样描述的：

将我的背包放好后，我就怎么舒服怎么躺，度过了漫漫长夜。为了让眼睛得到休息，我闭了很长时间。睁开眼睛时，太阳都升起来了。这样的景象我从来都没看到过：头上清澈的天空，万里无云，却如同墨水一般黑，在黑暗的背景下，勃朗峰的峰顶白得十分闪耀。遥远的法国的平原在我的脚下，平原上的一个大红球仿佛在炽热的火炉里游动，那是云堆里的太阳，有好半天我都没有认出它，太奇怪了，想要看到它我好像得向下看才行。这个大红球好像要沉入地球，它消失不久后，一道射向山顶的红光环被留下，接着又变成条纹光线，最终消失了。然后，云朵开始在我脚下两三千米的地方聚集。当云朵从平原上升起时，我看到它们在天空中起落，如同海浪一样。同时，影子从峡谷中慢慢爬上来，一点一点地覆盖了山峰，只有最后一道浅玫瑰色的光被留了下来。海拔越高的地方，天空越黑，黑得让人觉得是浓烟。最后，黑暗从四周包围过来，可是勃朗峰依然白得发亮，如同黑暗的海洋里的岛屿之光，可以射到非常远的黑暗的地方。我一直注视着这道光线，直到它在积雪覆盖的山顶完全消退，然后天就彻底黑了，夜幕降临。

这时，我已经彻底丧失勇气了，周围死一般的寂静，我的内心感到非常恐惧。为了将负面情绪赶走，我开始唱歌。在那样寂静的环境下，我的歌声没有产生回声，反而十分微弱，如此奇怪的现象让我觉得更恐惧了，于是我就不再唱了。我机械地拿出背包里的食物，实际上我一点也不觉得饿或渴。被冻住的食物，变得如同石头一般硬。我一口都没吃就把它们原样放回了背包。我每时每刻都在想着夏蒙尼的景色。夜晚来临时，家家户户的灯火逐渐亮起来，可是现在它们却在逐渐消失。我还想，这时，我的一些同伴在准备睡觉时也许会这么说："巴尔马特这个笨蛋简直太疯狂了，现在他肯定精神抖擞地站在山顶上焦急地跺脚！"

的确，当时我在拼命跺脚，因为我实在太冷了，要是我保持15分钟不动，肯定会被冻住。为了得到一点温暖，我必须不停地运动。我的头脑好像被困住了，意志在逐渐减弱，只感觉从脑壳到眼睑非常沉重，当时特别想睡觉，却不敢睡。于是，我竭尽所能与这些睡觉的欲望和悲伤的想法做斗争，因为我知道一旦我败给了它们，我就再也醒不过来了。

截至目前，尽管天空很暗，却依然是晴朗的，而且有少数几颗很小的星星装点着天空。虽然这些星星不会闪，但我还是可以透过它们的亮光，将山的轮廓看清楚，并判断出距离。半夜里，天彻底黑了。而山坡上出现了在太阳下山时形成的云，它们将我包围了，很快天上又下起了鹅毛大雪。和第一天晚上一样，我用手帕将自己的脸遮住，静静地等着。温度接连下降，过了一会儿我的衣服被雪淋湿了，上面还结了一层冰，我的牙齿也和手帕粘上了，尽管风没有那么强烈，可我手帕下的脸还是觉得一阵刺痛。我把手放在平的地方，可是移动时，还是发现手指在滴血。我的皮肤在这样的严寒中变脆了，如同老树皮一般。

但我对此一点都不在意。我回想起白天那个让我崩溃到差点想自我了断的时刻。我对自己说：哪有人知道我被雪覆盖的脚始终在颤抖呢。要是层层白雪能放过我的脚呢？一想到我脚下的土地有掉下去的可能，自己正冒着掉进冰窟窿里的风险时，我就觉得心惊胆战。不过我还是没有移动自己的位置，要是在这么暗的情况下，由于害怕掉进自己想象出来的窟窿而挪位，那我极有可能会掉进真的洞里。

在十分恐惧的情况下，突然整座山都被一阵巨大的破裂声震动了，紧接着从山上传来碎片滑落下的声音。之后一切又回归死一般的寂静了。我十分清楚这些声音的来源，因为我以前听到过这样的声音。接着就有一些冰川裂了，坡上移动的积雪从上面滑下来。虽然十分清楚声音的来源，但是我无法感到安心。这样的破裂在半夜时又发生了几次，我意识到高处滑下来的雪堆可能会将我掩埋。

这时的我恐惧极了，而且牙齿也被冻僵了，一直到凌晨两点黎明即将到来时恐惧感才消失。这个时刻很关键，因为要是恐惧感再持续一两小时，我肯定就死了。就这样，我的身体经过用力摩擦和最强烈的健身运动又热了起来，于是可以接着冒险。之后我开始爬斜坡，那里有着又硬又滑的雪，基本上是无法在上面站直的。于是，我就在上面用登山杖铁的那头戳出浅浅的沟痕，可是那时我真的已经没有力气了。更何况，我还得一边在悬崖上方保持平衡，一边切出一些粗糙的台阶。但是，最终我还是克服了这些困难。哦耶！我宣布，我几乎就要到了！从这里到山峰的路上再也没有什么障碍了，不过路面还是滑得像冰，而且无法切出粗糙的台阶了。这时，我已经非常疲惫，又冻到不行。除了返回，我别无他法，不过我相信下次来的话我一定能成功。于是，我回到了村里。我的脸又肿又紫，皮肤也龟裂了，还起了泡，我的眼睛非常红，看东西模模糊糊的，几乎算是处于半瞎的状态。我把自己关在棚子里，躺在里面的干草上整整睡了两天。

一个月后，即1786年8月7日，巴尔马特再次出发去勃朗峰，不过这次与他同行的还有物理学家帕卡德博士。当天晚上，他们就到达了博斯桑冰川的起点。他们在那里盖着羊毛毯，度过了一个愉快的夜晚。次日天刚亮时，他们就出发去穿越遍布着裂缝的冰川了。由于帕卡德博士是首次踏上到处是窟窿的冰川，所以他有些担心，不过他受到过很好的教育，而且看着巴尔马特，他就充满了信心。不久，他们就到达了大平原，巴尔马特将他度过最可怕的那个夜晚的地方指给他的伙伴看。帕卡德博士听到这些，露出一脸苦相，这么冒险的事他可不想去做。

巴尔马特竭尽全力去鼓励他，接着他们开始爬陡峭的斜坡。在巴尔马特上一次的冒险行动中，他已经用他的铁登山杖在这里戳出了一些粗糙的台阶。他们用了两小时，才爬上斜坡。然后吹来了一阵狂风，他们害怕自己会如同稻草一般被吹走。帕卡德博士的帽子虽然用绳子紧紧地系住了，但还是如箭一般从他的头上飞走了。风不停地抽打着雪，直至在它们四周形成漩涡。他们摔倒在地，但是由于冷风刺骨，他们不敢逗留。起来，接着走！这时，博士已经没有力气了，几乎快要放弃此次冒险了，如果不是巴尔马特鼓励着他，可能他就独自返回夏蒙尼了。最后风终于停了，巴尔马特写道：

在那之后，坡没有那么陡了，困难也少多了，雪很硬，没有裂痕，而且不滑。可是空气逐渐变得越来越稀薄了。博士每过一两分钟差不多就会喘不过气来，他的嘴唇冻得发紫，他就说走不动了要停下来休息一会儿，那时他的呼吸十分短促。我也觉得胸口空空的。为了能够保持顺畅呼吸，我们差不多每走10步，就得停下来休息一会儿，或者靠着登山杖支撑，或者坐在雪上。为了呼吸，我们耗尽了最后一点力气，再做什么努力都没用了。就我来说，哪怕脚下发生雪崩，我也不会做任何垂死挣扎了。我尽力克服疲惫，不过我的腿已经不再听从命令了，被冻住的关节无法移动，而且我觉得一阵眩晕，眼前的所有东西都变成了红色的。与我比起来，我的同伴更不习惯这样的环境，体力也透支得更严重。有时，我不得不用力推着他前进，忍受着疲劳、寒冷和呼吸困难的折磨，他的意志十分消沉。

就这样，我们肩并肩一步一步地走了两小时，终于几乎到达山顶了。最高点就在离我们一两步远的地方。然后我又看看四周，心里非常害怕看到更高的地方，因为我再也没有力气往上爬了。不过，没有，已经没有任何地方比这里更高了。最后，我完成了这次旅程！我到达了勃朗峰的最高点！我站到了生物从未涉足过的地方！

天色越来越暗，这使得两人不得不在一个半小时后离开顶峰。他们沿着上山时用登山杖凿出的轨迹返回，快到半夜时，他们走出了冰雪区，将足迹留在了更多的空地上。之后他们在一块巨大的岩石下面停下，好好睡了一觉。

第二天早上帕卡德醒来后说："那真是太奇怪了，我原以为听到了鸟叫声，可是那时天还是黑的！"

巴尔马特说："那是你的眼睛出问题了，太阳已经升起来很长时间了！"

帕卡德博士的眼睛确实因为照在雪上的炫目的太阳光而暂时失明了。巴尔马特眼睛的情况也十分糟糕。前者什么都看不见，后者则只能看见登山杖。他们就在如此悲惨的状态下，回到了夏蒙尼。经过休息，他们的视力都恢复正常了。第二年，索绪尔在巴尔马特的带领下也爬到了山顶。

第十六章　索绪尔的登山之旅

　　1787年8月1日，索绪尔在一个仆人的陪伴下，带着他的物理仪器和一些其他的设备，跟随以雅克·巴尔马特为首的18个向导，从夏蒙尼离开，前往勃朗峰。索绪尔写道：

　　当天晚上，我们选择在寇特山的山顶扎营，旁边的花岗岩石都是附近的冰川带来的。巴尔马特和帕德卡博士探险时，就是在这里度过第一个夜晚的。这部分山很安全，路面都是草地或岩石，爬起来很容易，不过后面的就全是延绵到山顶的冰雪了。所以，第二天很累。首先，必须从寇特冰川穿过，由于上面又宽又深的裂缝纵横交错，所以是非常危险的。要穿过这样的冰川，只能走冰的边缘和雪筑成的拱桥，这是唯一的路。走在上面时，能够感觉到脚下的冰桥在裂开，要是它彻底裂开，人就会掉下去。在别的地方，登山者不得不进入裂口的最底部，然后爬到另一面，每走一步，都会在冰上留下脚印。有时，裂口两边垂直的冰墙非常滑，这样一来就很难爬出去。不过最可怕的是，裂口上面薄薄的雪桥下面隐藏的危险，冰桥突然断裂的话，人就会摔下去。

只要我们在坚固的冰上行走，我的向导们就会保持清醒的头脑、稳妥的脚步，然后有说有笑，征服每一次挑战。不过要是我们准备通过一座架在大窟窿上面的雪桥时，他们就会拿着登山杖，十分安静地前进，前面三个人被绳子绑在一起，间隔2～3米，其他人两两一组，还有一个在最后面，一个在最前面。每个人都根据前面的人的脚步衡量自己的步伐，然后完全跟着前面的人的脚印走。谨慎地衡量每一步是十分必要的，因为前天有一个导游差点丧命于此。他和另外两个人走在前面侦察，当走过一半冰裂缝时，突然脚下的雪破裂了，不过因为他们三个人被绳子紧紧地绑在一起了，所以他才侥幸没有坠入深渊。我们走过的地方与这个突然裂开的口之间的距离很近，目睹那惊险的一幕，我就感觉简直太可怕了。

虽然冰川的宽度只有1000多米，但是我们完全通过那里却花了3小时，之后，我们进入了一个被雪深深掩埋着的峡谷，那里的风能一直吹到连接着顶点的最后一个斜坡上。这个峡谷深不见底，到处都是大裂痕。我们可以在这些可怕的峡谷的墙上或者两边清楚地看到雪层的横断面。到处都是因为雪崩而落下的花岗岩。我的向导们打算在一块岩石底下歇一晚，不过我计划继续往上爬一点，再在大高原上扎营。但很难说服他们，因为巴尔马特在那里待过一个晚上，太恐怖了。他们非常害怕会在那里全部丧命。我向他们保证：为了使我们的帐篷盖住洞穴，我们会挖得深一点，越深越好，这样一来，在温暖的避难所里，我们就不会觉得那么冷了。最终，这个计划消除了他们的恐惧。

我们在下午4点到达了大高原，然后慎重地选择了一个扎营的地方。

除了寒冷之外，还有另外两个危险，上面一个，下面一个。要找一个来自任何方向的雪崩都影响不到，同时下面的冰裂缝又比较厚的地方真是太难了。他们一想到这些，就止不住地发抖。要承受20个男人的重量，以及身体的温度，因为在他们睡着后的几小时内雪极有可能会突然开口，然后他们就全都掉进去了。最后，我们找到了一个看上去最安全的地方。

导游们立刻开始挖，不过他们很快就出现了高原反应。那些强壮的人爬了这么高什么反应都没有，可是在铲了五六次雪后却不行了。其中一个人走回去取水，却在走到一半时感到身体不适，于是只好又回来了。到了晚上，他感到非常痛苦。每个人都在焦躁地等待着帐篷的搭建完成，因为那是唯一能够让他们感到舒适的希望。要是一直在雪上坐着，寒冷就会像刀子一样将他们刺痛；要是为了使身体热起来而进行运动，人过不了多久就会觉得劳累，四肢无力，呼吸短促，再也没有继续下去的勇气了。

最后，我们还是将帐篷撑开架在了挖好的洞穴上，然后赶紧躲进了里面。不过那天晚上大家都没有睡好，因为帐篷里的空间太小了，几乎连坐的地方都没有，甚至还有人坐在了别人的腿上。我们都只睡了一小会儿，然后就被落在我们要爬的斜坡上面的雪崩发出的雷鸣般的响声惊醒了。

我们都起来了，不过还是花了很长时间才完成出发前的准备工作。我们必须等雪融化，然后用它充当早餐，吃完早餐后我们才能开始前进。我们都口渴难耐，就算是那些对从山下带来的水十分珍惜的人，也开始频频跟我要水。最后，为了保护我们的眼睛免遭照射在雪上的太阳光的伤害，我们用绿色的纱布将脸盖住，就出发了。我们穿过大高原，来到了一处斜坡的脚下，斜坡上遍布着雪崩带来的东西。为了让肺部和腿得到暂时的休息，我们停下待了一会儿，然后就不再停顿，以轻快的步伐穿过了雪崩地。因空气稀薄导致的呼吸困难是无法解决的。在处于呼吸非常困难的状态时，每走一步都冒着相当大的危险。斜坡在离雪崩地较远的一边变得越来越陡，还有一处十分可怕的悬崖，就在它的左边。

最前面的向导用小斧头在冰冻的雪上敲出了台阶，不过这些台阶之间的间隔很大，所以每跨这样一大步都可能会失足，然后向悬崖边滑去。在我们靠近山顶时，结冰的雪层开始破裂并变薄，如果身体在这时失去平衡，就很可能掉到斜坡的边缘。我对这种危险毫不在意，且早已下定决心：只要还有力气，我就要继续往前走。唯一令我感到担忧的就是自己前进的脚步。在最危险的地方，两个向导拉着棍棒的两端，一个在前，一个在后，而我扶着棍棒的中间，与他们排成一列往前走。

到了晚上9点，我们与最高点的距离差不多就只有300米了。这段路上的雪非常坚固，且不存在裂痕。所以，我希望能在45分钟之内爬上去。不过事实证明我太天真了，空气稀薄的程度已经超出了我能接受的范围。我每走10~15步，体力就会透支，并且已经开始感到眩晕，我不得不坐下来。在经过深呼吸和片刻的休息后，我的体力才得以恢复。我又开始幻想我可以一次到达顶点，不用再停下来了，可是才走了10步，我就发现我又错了。向导们的情况比我好不到哪儿去。时间过得太快了，我尝试了很多缩短休息时间的方法，以便能在规定的时间内完成。比如，我试着走四五步之后就停下来，也就是在体力还没完全透支时就停下来。但是，这根本就没用，我试了几次之后，就放弃了。我从未如此失落过，寒冷的北风成了唯一能让我恢复体力的东西。每当我感到疲劳时，迎面吹来寒风，我就会在那一刻深吸一口气，然后就能走上25步。我们用了2小时才爬上这300米的斜坡。最后在11点时，我们全都到达了最高点。

目标实现后，我把焦点锁定在我的家——夏蒙尼。我很清楚，他们在用望远镜焦急地跟随我的脚步。我们已经约定好，要是看到我到达了顶点，他们就将一面旗帜升起来，表示他们没有必要再恐惧了。现在我看到了迎风飘扬的旗帜，那种幸福感我无法用语言表达。从那时起，我就可以将眼前壮丽的景色全都放弃，然后开始之前准备的实验了，这才是我此次冒险的最主要目的。

在我到达勃朗峰的最高点时，我所期待的那种单纯的满足感并没有出现。我为此付出的代价历历在目，我并没有感到高兴，反而非常生气，最后我使劲践踏了顶峰的雪。坐在勃朗峰最高点的山脊上，我开始向周围张望。头顶上是十分闪耀的太阳，天空蓝得看上去像是黑的；下面却是特别恐怖的雪圆顶、冰针和光秃秃的山峰。看了一眼海拔为2000米的阿尔卑斯山之后，我简直无法相信自己的眼睛。这么多结构复杂的壮丽的山峰，这么危险，我想我一定是在做梦。峡谷裂缝处的冰川在太阳的照射下，如同玻璃一般发出耀眼的光芒。在南边，可以看到伦巴第平原以及大海；在北边，可以看到两处蓝色的风景——日内瓦湖和纳沙泰尔湖，除了这些还可以看到侏罗山脉。右边是羊毛状的阿尔卑斯山脉，更远的地方是绵延的瑞士草原，像一片绿色地毯一样；左边是多菲内，慢慢消失在浓雾里，延伸到法国平原。

我将自己从这些美景中抽离出来，接着开始进行设计好的实验。不过当我着手准备仪器、进行观察时，我发现，每隔一两分钟，我就得停下工作，用尽全力恢复呼吸。等呼吸恢复得差不多时，我还是感觉不太舒服，有点类似心脏病的感觉；只要我稍微一用力，或者稍微将自己的精力集中，尤其是伏着的时候，就觉得难以呼吸，我必须停下来歇一会儿。我的向导们也有与我相同的感觉。他们变得吃不下东西，也不想喝酒，而是只喝冷水，喝完之后感觉还不错。有些人忍受不了，就下山去到空气没有这么稀薄的地方。

高原反应的主要原因就是空气稀薄。在勃朗峰的顶点，气压计里的水银柱是30厘米，而不是60厘米，这就说明与平原上的空气相比，这里的空气稀薄得多。现在，必须在固定的时间将一定量的空气输进肺里，以维持生命。这里的空气如此稀薄，吸进去的空气量必须是平常的两倍，才能使肺里的空气达到平衡。在高山上，就是这样短促的呼吸，会让人觉得疲惫和不适。

我们都多多少少有点发烧，而且呼吸也越来越急促。在这里，我获得了有关高原反应的最可靠的证据。为了避免测试结果受到爬山后的疲劳的影响，我们在休息了将近3小时后才开始测试。测试的结果显示：巴尔马特每分钟的脉搏是98下，仆人的是112下，而我的是100下。在夏蒙尼，条件相同的情况下，我们三个人的脉搏依次是：49下、60下、72下。这样一来，我们没有食欲、不想喝酒、口渴如焚、发烧就很好解释了。

还有一个引起口渴的原因，那就是空气太干燥了。用湿度计进行测试，结果显示：与山脚下的空气湿度相比，勃朗峰顶部空气的湿度只有其六十分之一。吃雪不仅不能缓解口渴，反而会使其加重。所以，我的向导用我带来的进行实验用的小火炉融雪，以便获得一点点水。但这一过程又慢又麻烦，因为风和空气稀薄的关系，木炭没有办法很好地燃烧。

另一个让向导们都觉得不可思议的事实也是因空气稀薄造成的，那就是：声音十分微弱。距离二三十米时，就听不到声音了。就连枪声都十分微弱，要是在平原，这样的声响是最小的烟花都能达到的。

这一天天气特别好，温度很高。到了中午，受到太阳直射的地方气温是零下2℃。大部分向导都坐在顶峰下面的向南的斜坡上休息，那里的温度还是可以接受的。

在那样的高度，由于空气极其纯净透明，所以天空是非常蓝的，而在顶峰附近，大家都被这样的景象吓到了：天空中的星星格外亮。但是要想看到这样的景象必须完全躲在阴影处，因为大气亮度可能会盖过星星微弱的光。在所有向导第一次到达顶峰时，他们都被空气的纯净以及深蓝的天空震惊了。当他们艰难地往上爬时，就透过斜坡顶端的空隙看见了天空。黑暗的天空在此处开错了口，于是他们惊慌地返回，告诉夏蒙尼的人们：他们已经没办法再上去了，因为他们前面出现了一个可怕的开口。

在顶峰附近，我只看到了两只蝴蝶，除此之外，没有发现别的生物。这两只可怜的迷失了方向的蝴蝶，是被一阵狂风吹到致命的高空的。我对这些在冰川上迷路的昆虫多次进行了观察。它们从附近的田地飞过，冒险穿过冰川，这时它们的眼睛已经看不清了，不知道应该落在哪儿。有时风会将它们吹到最高的地方，然后它们就会摔在雪上，死了。

　　我在最高的地方待了3个半小时，然后就下来了，第二天下午到达夏蒙尼。比我早到达顶峰的巴尔马特和帕德卡从那里回来的时候，眼睛差不多失明，脸也裂了，再加上太阳光在雪上发生反射的关系，脸变得通红。不过，和我同行的人，包括我，没有人出现这种状况，因为我们戴的面纱很好地保护了脸。

第十七章　珀杜山[①]

　　1797 年 8 月 11 日，著名的比利牛斯山探险家雷蒙德和他的向导们从巴勒吉斯出发，并于第二天到达了珀杜山的冰川脚下。他们在世界最高的牧羊场上，看到了由巨大的岩石形成的围场。他这样写道：

　　我们在这里遇见了两个西班牙牧羊人，他们将比利牛斯山上最高的牧场租了下来，把迁徙的羊群驱赶到远方。他们在一间只能容下两人站立的石墙小屋的外面斜靠着。对于这种半野生的游牧民而言，这间小屋足够了，因为到了夏天，他们也只是在那里待几天而已。在别的地方，他们连小屋都不用，而且要是能在岩石下面找到避难的地方，这些就更不需要了。

　　这些牧民非常熟悉珀杜山周围的环境，因此能在上山前碰到他们是非常令人开心的事，仅有的问题就是，我们当中必须有一个人对他们提问。但是牧羊人对于常年下雪的地方一点也不关心，与偷偷潜入的人比起来，他们的回答也只能让我们略感满意。真正可信的是偷渡者的话，因为他必须冒险走小路，而不能走公路，所以他肯定更近距离地对珀杜山进行过观

---

① 比利牛斯 - 珀杜山是欧洲西南部最大的山脉，位于法国和西班牙两国交界处，是阿尔卑斯山脉向西南的延伸部分。

察，事实证明，与那两个牧羊人相比，他提供的信息更有用。

当向导们和另外三个西班牙人都在想上山路线时，我已经有了一个计划。他们一致认为必须跟随一些特定的踪迹才能到达珀杜山的最高点，但是那对我而言，太过曲折了。

我一直都在对我们上面的冰山进行研究，发现它依然被雪覆盖，从冰山上去对我们而言应该不难。斜坡真的非常陡，不过还没到不能攀爬的程度。而且，我们会被冰川带到一个比珀杜山还要远的地方，这个地方在我们所在的位置是看不见的。我宣布我要冒险去那里。对牧羊人而言，这个计划太可笑了，而第一个赞成我的决定的是偷渡者，别人都对此一笑而过。不过还是要将这个不确定性结束，于是我宣布：我要和愿意跟着我的那些人一起攀登冰山。最终，犹豫不决被坚定的信念战胜了，他们都表示愿意跟着我。至于那个偷渡者，他早就远远地走在最前面，连影子都快看不见了。

没过多久，我们就到了堆满石头和碎石的地方，这些石头和碎石是移动的冰层从斜坡的高处带下来的，它们形成了冰山的冰碛石。在这里，我们不得不走在雪上面，然后开始走上能够引导我们看到珀杜山的危险道路。一开始，只不过是小孩的游戏，雪很坚固，斜坡的坡度很低。刚开始出发的时候，我们信心满满，但是当斜坡变得很陡时，我们走不到50步就要停下来。看到坡度在持续增加，我们的脚步变得缓慢，时不时停下来商量。尽管我们穿的是钉鞋，但是由于雪太硬了，不能轻易在上面留下脚印，我们不得不使劲将脚印留在冰上。这样，我们并排向前走时，就可以跟随着前面三个人留下的印记行进。这样过了有一个小时，一切都进行得很顺利。我们小心翼翼地避开了那些很滑的冰，尽可能走曲线，经过之前的谨慎筹划，我们成功地避开了很陡的斜坡。突然，一个人开始绝望地叫"救命"，他的手紧抓着一块岩石。那是我们的偷渡者。

雪上那又长又深的痕迹将他的不幸全都显现出来了。这家伙十分大胆，在开始攀登时既没有穿钉鞋，也没有带小斧头，还没有采取其他保护措施，便从斜坡上向下滑了差不多有200步。一旦开始往下滑，要想停下来就太难了。我们多希望能飞过去救他，事实上却只能慢慢地爬过去。最后，我们总算抓到他了，使他得以重新归队。他的帽子和外套都丢了，这些物品的价值约为15～18法郎，不过最糟糕的是他的背包掉到了斜坡下，这是我们无法拿到的。其他的东西则在各个地方散落着，我们迅速抓住了他的夹克和一个小包包，包里装着仪器。他的帽子掉在了一个离我们只有20英尺却很危险的地方，我们花了15分钟才把它拿回来，这家伙一点勇气都没有了，无论我们怎么劝说，他还是无法消除自己的紧张感。实际上，与他给队员们带来的紧张感相比，我们对他的劝说产生的影响根本算不上什么，我开始看到他们的脸上有了退缩的迹象。现在的问题就是该不该改变我的路线，去攀爬冰川边缘的岩石。我不打算这样做，可是偷渡者的紧张感一直在持续增加。我们已经尝试了两次爬岩石，却每次都不得不回到冰路上。

这段路上有着最陡的冰川，出于安全考虑，最好不要继续往上爬，但我还是想抓住最后的机会。让人欣慰的是，上坡看上去好像不是那么难了，而且冰掩盖在纯白的雪下，顶上是深蓝色的天空，这意味着就快到达顶点了。现在的问题是怎么将这些阻挡我们爬到珀杜山顶峰的障碍——克服。我们互相鼓励着，拿出最后的力量和热情。每向前走一步，围着我们的围墙就会变得低一点，而且我们终于再一次看到了一直被冰山挡住的缺口。透过这个缺口，我们能够感受到有凉风正迎面吹来。我们使出全身的力量，用最快的速度向上冲，终于实现了目标。看着眼前美丽的景色，我们激动地大声呼喊着。

但是一阵喜悦过后，一看到把我们与珀杜山隔开的深深的峡谷，我们又陷入了可怕的寂静，峡谷被云笼罩着，四面都是冰川。这景色既壮观又可怕，将我们都吓到了。"那就是珀杜山！那就是珀杜山！"这句话被一个人传给另一个人。其实一直以来，谁都没有辨认出在雪、岩石、冰和云里混杂着的山，但是当我的同伴说自己看到珀杜山时，也没有多么可笑了，毕竟哪儿都是这座山的一部分，就连我们刚刚跨过的那座山峰也是因为山边的一部分腐蚀或下沉才和主峰分开的。虽然我们眼前的山峰非常大，但是依然会在盘旋而上的浓雾中消失。更出人意料的是，在我们的观测点能看到一个延伸到峰顶的扶壁。这些扶壁如同巨型的台阶一般，有的上面覆盖着雪，有的和冰川重叠着混在了一起，仿佛静止的瀑布一般在湖岸的上方悬挂着，湖的表面已经结了冰，上面还有雪，由于十分光滑，因此发出更加耀眼的白色的光芒。

这个十分荒凉的湖的边缘都是冰，四周是黑色的围墙，山峰笼罩在它的上面，如同暴风雨时的天空一般，还有又陡又光秃秃的凹凸不平的壁垒，这让人不由得想起了战争时期。这些组合在一起，赋予了珀杜山令人印象深刻而又十分恐怖的形象。

但是现在是非常关键的时刻，该决定我们怎么朝更容易走的地方前进了。毫无疑问，峰顶是最难爬的，因为那里被冰覆盖着，而且特别陡，简直不可能爬上去。我们陷入了难以抉择的境地。尽管斜坡很陡，却很安全。一旦与湖面处于同一水平线上，经由它的冰面我们就能很容易地到达那些向峰顶延伸的大台阶。不过我们还是想了想要不要返回。过了中午，天空预警要变天了。

我的同伴说："我们就在这里待着吧，没准明天我们就能爬到顶峰了。"

于是我问："那我们怎么度过寒冷的夜晚呢？"

"噢，带着明天能够完成伟大事情的希望度过这个夜晚，多棒啊！"

"但是我们得吃点东西，难道不是吗？"

"什么都不吃也行啊。"

担忧和害怕都随风飘走了。冰路不是那么难对付了，环绕着山峰的密云也不再那么可怕了。但就在这时，从深处传来了巨大的爆炸声，回荡在荒野里。即使是最胆大的人也被吓得脸色苍白，所有人都想是暴风雪要来了，它将切断这荒野的所有出路。事实上，那只是高一点的大台阶上发生了雪崩，但是这也留下了不好的影响，所有人都只想逃。

约一个月之后，即9月7日，我第二次出发去攀登珀杜山。为了节省时间，更好地利用第二天一整天的时间，我选择在一个西班牙牧羊人的小屋里度过第一晚。小屋里面什么都没有，它的主人将这些牧地遗弃了，而因为晚上结霜的关系，牧地里的草全枯萎了。这片草地在一个月前还绿得发亮，现在却一片荒芜。27天内，这些山坡上的春夏变换格外明显。

我们在天刚亮时就离开了。这里的冰川与第一次来时看到的情况相比，已经不一样了。上面只有冰，没有雪，因此走过之后，也不会将脚印留在上面。一个大窟窿出现在中间，还有两条从底部延伸到顶端的大裂缝。就算穿着钉鞋走，也不会在冰上留下任何痕迹，铁登山杖也是如此，哪怕在它上面压上了全身的重量，最多也就是留下小小的印痕。不过，我们带了非常好的铲冰工具。于是在行进的路上，我们一直使用它。这件事最难做了，而且我们也无法根据自己想要切的方向切。冰川中间都是裂痕和洞，像水沟一样，我们要避开它们，同时还要与很陡的斜坡保持适当的距离。所以在左右两边都潜伏着危险的路上，我们不得不小心翼翼地走。我们要爬的绝对是名副其实的冰梯啊，没有隐藏的斜坡，也没有弯弯曲曲的缓和上坡的地方，它一直在提示：你们在前行。

我们就在大窟窿旁边最高的地方，不知道该如何攀爬这些难以逾越的高地。这时，我们已经思维枯竭。有人建议攀爬那些我们一直在避免的边缘来绕过障碍。我必须告诉读者什么是边缘。边缘就是一种非常尖锐的山脊，跟刀子一样锋利，与岩石之间有很大的空隙，这个空隙是漏斗状的，位于冰川凹陷处。如果再早一点，这个建议是很荒谬的，不过现在看来，应该是唯一的办法了，它不是可怜地往回退，而是可能把我们救出这困境。之前铲出来的一排十几个阶梯把我们带到了这个山脊，而前面的尖尖的边缘，我们必须在走过之前把它击倒，因此我们用力敲打，确保它能够刚好容得下我们。

经过不断地砍、不断地锤，半个小时后我们敲出了13个台阶，这时，我们才在前后都是悬崖的一条线上保持了平衡。站在这样的一个位置，如果不仔细测量，是很难再前进的，我们的热情全灭了。在弄完这13个台阶之后，我们不得不再一次停下来商量。在这个地方，我看到一只鸟儿飞过一块又一块岩石，而且它还可以爬墙。一只小昆虫在我旁边停下，开始清洁它的翅膀，我们只有羡慕的份。方法和工具之间是多么的不配合啊！人类能够测量天空的高度，却被地球束缚着！他能够测量空气的重量！他能够发射热气球，吸引观察者！而非常弱的昆虫能在天上飞，我却只能在地上爬。

突然，一件更不愉快的事情让我从这些不快的幻想中惊醒。带头的导游中的一个说他觉得眩晕，差点掉下去。于是，我们不得不将他安排到中间部分，读者们肯定知道，在如此狭窄的地方，要想完成这么一项工作有多么不安全。同时，冰脊每次都使我们处于不同的险境之中。很快，已经没办法按照这种方式继续前进了，我们的去路被冰川两边的岩石挡住了。我们决定一步步往前爬。很快，最前面的人到了很高的地方，他一站稳就把手伸出来拉住后面的人。站在后面的人跟领头的人面临的危险差不多，也许还更大，因为要是前面的人一脚踏空，后面的人就会被牵连，还可能会被松动的岩石碎片砸到头。我就被一块岩石碎片砸到了，伤得不轻，因为我站的位置没法躲。经过每时每刻都在冒着生命危险的5小时，我们终于将遮挡比利牛斯山的这堵墙征服了。

站在这个高度，我们被天空下这座独树一帜的山惊呆了，这里的大气情况也格外好。我第一次来看到的被烟雾笼罩着的山峰投下了大大的影子，影子甚至扩大到那些没有被它覆盖的物体上。如今，没有一个地方有雾，到处洒满了阳光。湖水结的冰都融化了，里面倒映着蓝天。冰川像水晶般闪闪发光。整座山在炽热的阳光照射下都变形了，仿佛不属于这个世界。这里是一个新世界，一个有着不同规则的新世界。那些巨大的冰墙里是多么安静啊！这里的每个世纪都是悄悄地流逝，比峡谷里每一年过得还要快啊！那些高的地方是多么寂静啊，每一个声音好像都在预言着有惊人的事情要发生！空气是多么的平静，天空是多么的清澈啊！空气、天空、水和土地，一切都很和谐，在太阳的照射下，好像都陷入了沉思，好像在默默地接受它的注视。

即使在看了勃朗峰之后，你也一定会想去看看珀杜山的。即使去看了欧洲最大的花岗岩山，你也一定不会错过最大的石灰岩山的。那些岩石的轮廓如此简单、深刻、清晰，非常完整，而且分层像墙壁一样整齐，被雕刻成一个竞技场，或成型的楼梯，或巨人托起的塔——这些特征都是花岗岩山没有的——它的旁边都是尖尖的。而且，在这里，山的轮廓非常一致，每个高度的层次非常分明，因此主峰不受海拔的影响，它的形状和规模仍旧很突出，而且它周围的物质是经过特别安排的，都是拿来装饰它的。勃朗峰最高的地方只高出湖面五六百米，但它是最后一座由很高的岩石堆起来的山。其源流的河岸处堆满了冰山；雪片从它上面落下，为岩石梯田铺上了地毯，为上层的斜坡穿上了衣裳，落到最低点的时候就碎了，只有在顶峰才保持完好。由于这座山非常险峻，所以没有人想去爬。毋庸置疑，我们已经爬过的3000米是整段旅程中最长的一部分，不过，这跟那些我们在冰川上和斜坡上遇到的困难没有什么可比性，那是我们到目前为止都认为的对生命造成的最大的威胁了。就算研究了这座宏伟的山也没用，我的仔细研究也只是让我更加怀疑能否爬上那令人生畏的冰川和岩石壁垒而已。

第二次，我主要对湖泊所在的盆地进行了研究。我们开始进入这个圆形洞时，根本没有想会存在什么潜在的危险。没过多久，我们就发现湖上的一整圈冰都融化了，显现出了一开始被雪覆盖的湖岸，无论从什么地方都能看见这短暂的美。但是现在，遍地的岩石和冰墙挡住了前往山峰的路。我们面面相觑，开始商量，却怎么也理不出头绪。我们只能接受现实，在这样一个一不留神就可能掉进湖里的地方站着，我们能相信的只有自己。然而，在爬冰山时感到眩晕的那个人竟真的失足了，他如同炮弹一般向下滑去，不过有个东西，也许是一块石头，也许不是，阻止了他继续往湖里落。如果没有这点好运，他肯定已经丧命了，因为可以将他拉上来的绳子都在他自己身上。

珀杜山四周没有被湖泊占据的高原上都覆盖着巨大的冰川。要是不离近点看，根本搞不清楚它们是什么，我们现在正在做的就是这些。近距离观察这些伟大的奇观是什么活动都无法取代的。巨大的冰块在广阔的梯田上堆积。有些梯田如同海浪一般起伏很大。这些"海浪"有着极厚的底层，一直垂直延伸到湖里。水不断地从这些洞穴式的缺口喷出。当我们对其中的一块冰进行仔细观察时，它却突然在我们眼前破裂了，还发出了雷鸣般的声音——这是唯一的打破当时寂静的环境的声音。

虽然刚刚下午3点，可天气已经冷得令人难以忍受了。看着那些荒芜的地方，我们就知道不能再在这里继续待着了。我们经常说到这些荒芜的地方，然后幻想有大量的动植物在这里生活。我们想象：在这片黑森林里，有野兽正在追赶它们的猎物；海豹在海岸边玩耍，企鹅在筑窝；在骆驼车周围飘扬着沙漠里的沙。事实却是我们看到了体现大自然的掌控者更黑暗的一面。在一侧，我们隐隐约约地看到了大量不规则的岩石，仿佛随时会倒塌一样；在另一侧，我们看到巨大的冰块微微发出反射光。它们下面是一个湖，上面被雪、岩石和沙石覆盖着，它的深度显得它又暗又平静。

在攀爬的过程中，什么花草树木都看不到。在8小时的徒步过程中，我看到的唯一的植物就是一株枯萎的银莲花。在这草木不生的地方，什么生命迹象都没有。湖里连一条鱼都看不到，也没有每年有3个月都会出现的水蜥蜴；在这片雪地上没有旅鼠留下的脚印；在蔚蓝的天空中没有小鸟划过。到处都是死一般的寂静。在这片围墙里我们停留了2个多小时，如果不是碰巧看到2只蝴蝶从我们眼前飞过，在离开之前，恐怕都看不到任何活的东西了。它们跟我们一样，是外来者，是陌生者，是被风吹到这里的。其中一只蝴蝶掉进湖里死了，另一只盘旋在它同伴的上空。要是懂得生命对大自然的重要性，那么这样看着一只昆虫死亡的一幕就非常有必要了。看着这些阴森可怕的场景，我们无比沮丧地转身离开了。

第十八章　雪永不会消融的地方

实际上，我们刚刚跟随巴尔马特、索绪尔和雷蒙德参观过的那些荒凉的地方，那些满眼冰雪、草木不生、孤寂、饱经风霜的地方，都是十分繁忙的"实验室"，它们在忙着使平原变得更富饶。死亡之地域为生命准备了生存所需的最基本的元素——用来给低地土壤更新的肥料。那里有生气勃勃的河流的源头，一开始从冰的缝隙流下来的只是细流，接着就是从更高的地方直接落到山边的峡谷的小瀑布，流向更远的地方后变成了静静的河流，使它流经的每一片土地都得到了滋润，最后它们汇成磅礴的河，流进大海。地上降雨的来源就是山顶上的积雪，而那些冰地是生命之水的来源，肥沃的土壤离不开它们。

用来灌溉土壤的大气中保留的水分，对于动植物来说是最重要的东西。这些水分会变成雨或雪落下来。反过来，大气中的水的来源是海洋，海水在太阳的照射下，会蒸发成为水蒸气，在云层里聚集。陆地上的所有河流、水道、小溪和泉水中的水的来源都只有一个，那就是云层里储藏的水分，而这里的水分又是从海水和别的水体的不断蒸发中得到的。寓言故事里对河流的描述内容你们肯定是非常熟悉的：河流在长满芦苇的河床旁倚靠着，充满焦虑地倾听马上就要彻底干涸的河水的呻吟。自然界中真正的河流是不会有这样的焦虑的：它们永不会干涸，因为它们的水源是从大气中得来的，而大气中的水分又是从浩瀚无穷的大海中得来的。小溪流静静流淌在长满青苔的河岸之间，潺潺地流过树下的草地，山区河流在岩石之间跳来跳去，宽广的河聚集了许多水道，这些水源都在云层里藏着，云层里的水又会重新回到海里。一个国家最初的水的来源是云，而最终的水的来源则是海水和大气中的水。

云一般在很高的山顶周围聚集，再由一双无形的手牵引着去到各个地方，之后也许会产生雾，土壤就会如同海绵一般把雾吸收进去。这个过程会不断循环下去，最后水分就会到达山的最深处，然后以小泉、小溪的形式流出山边，对低处的平原进行灌溉。有时，山峰周围笼罩着的云为了减少自己的水分，就会变成雨，对山坡进行冲刷，同时还使附近河流的水量大大增加了。还有些时候，尤其是在很高的山上，云里的水分会直接变成雪落下，然后在太阳的照射下，慢慢融化，形成永久的水库。

如果大气中的水分一直变成雨不断落下，那么洪灾和旱灾就会交替出现。道路由于缺乏水分，会变得十分干燥，并积满灰尘，下雨时在道路上还会形成小泥河。要是一直下雨，就会遍地都是这样的小泥河。到了雨季，山沟里会形成湍急的河流，为间歇泥河提供补给，不过它们在不下雨的季节又会变得完全干涸。要是土壤只依靠大气本身的水分，那么就只会形成小小的河流——小溪流和小泉水。对于长年流淌而水量不减的大河而言，雪是不可或缺的。原因非常简单：假如雨量不算太大，那么它只会对土壤表层造成冲刷，然后渗入到很深的地方，在地下慢慢地形成一个储藏库；大雨能够在短时间内使河流的水量大大增加，甚至使其溢出河岸，但是不能长年提供补给；暴雨会导致洪灾，而不算太大的雨却能很好地为陆地供水。所以，由于水无法持续不断地落下，它无法构成大河流的供水系统——大河流是不会停止流动的，它的水道几乎始终都是满的。

雪的情况就与此完全不同。雪又被叫作凝结雨，能够被储备起来，慢慢融化，可以在无限的时间里单独为河流提供必要的供水。它融化的过程是十分缓慢且微量的，土地会一点一点将其吸收，然后再以小泉的形式将其流出。被雪覆盖的土地里的水分已经饱和，不会在很短的时间内被太阳晒干，土壤最深层的地方变得如同海绵一样，这时地下水库里已经装满水，足以使用很长时间。

与我们国内的经济一样，地球非常合理地对所有物质进行了分配——来得快的去得也快，凭借劳力和毅力获得的就能持续得久一点——所以，突然的暴雨会在很短的时间内被太阳蒸发，而由暴雪慢慢积累起来的供水系统，则会随着雪的慢慢融化，不断给土壤供水。

但是要想用在平原上下的雪给大河流提供补给则是远远不够的，因为平原上下雪的频率并不高，而且每次的雪量也都不大。不仅如此，由于太阳的照射，雪还会很快融化，没有充足的时间渗入土壤里，它产生的效果还比不上大雨，土壤也没有充足的时间对它进行吸收。在这里我们有一个可以证明高山存在的重大意义的非常好的例子。

温度在越高的地方，下降得越快，平均下降率是海拔每升高150～200

米，温度下降1℃，到了2000米高的地方，温度肯定会降到零下。在海拔很高的地方，由于温度太低，大气中的水分不会变成雨，而是会直接变成雪落下来，而且不管是在夏天还是在冬天都一样。雪片在上层的大气中形成后，就会落下来，由于越到下面温度越高，所以雪片在落下的过程中会慢慢融化，最后就会变成雨滴落到平原。因此，所有雨其实在高空都是以雪的形式存在。在多山的地方这一点能够得到很好的证明：每当山谷里降下了暴雨，就会有雪层出现在附近的山峰上。

这些地方一年四季都会下雪，不过有一点是不一样的：冬天，雪会直接以雪的形式落到地面；夏天，雪会在下落的过程中不断融化，等到达地面时就变成雨了。雪的融化将它作为河流的水分储藏库的重要性破坏了，那为了对雪在任何季节任何气候的融化加以阻止，有什么是必需的呢？显然，要想将雪大量聚集起来，必须在它们落到温度比较高的空气层之前进行收集。也就是说，它们必须落到一个温度低到能够保持雪的状态的地方。而这些能够储存大量的雪的地方就是温度始终非常低的高山的顶峰。

由于总是有烟雾在顶峰缭绕，而且那里常年积雪，因此山脉成了这个巨大的供水系统的起点。在雪慢慢融化、雾也开始凝结之后，在山坡上诞生了如同生机勃勃的动脉一般的河流。有些河流从山的这边斜坡下来，有些则从另一边下来。这座山的山顶就是两条河流的分水岭。如同屋梁的顶部是屋顶一样，这条山脉的顶部就是河流的分水岭。回想一下屋顶上的雪融化时的情景。在屋顶的一边，每条支流都有自己的水源；在另一边也是这样。这些支流都有共同的分水岭。这就像是被雪覆盖的山顶的两边各有一个供水系统的小模型。因此，要是在山上，最高点就是这些水域的分水岭，从两边斜坡流下来的水分别流入平原。在温带地区，冬天的平原上下雪的频率不高，但是山顶肯定会下雪，如果高度属于中等以上的，就会常年都有积雪。平原上气候比较热的国家是不会下雪的，不过那些国家的山上足够高的地方会常年都有积雪，而且永远都不会完全融化。在极地地区，夏天的太阳试图融化平原上所有的雪，不过海拔有几百米的地方的雪是不会彻底融化的，因为那里的温度实在太低了。

从地球的一端到另一端，却不是在温带或热带地区，而是在赤道上，有一个高度，太阳发出的热量不足以使其一整年的积雪完全融化。在这个高度以上，就算在夏至那天也不会下雨，而只会下雪和冰雹。那里的岩石和土地常年被雪覆盖，从来没有露出来过。显然，与在寒冷气候中积雪开始的高度相比，在炎热气候中积雪开始的高度肯定更高。因此，一般来说，从赤道向两极延伸，分水岭的高度会越来越低。最开始，在赤道附近常年积雪的地方的高度是4800米；在比利牛斯山和阿尔卑斯山这一高度大约是2700米；到了冰岛变成了936米；而在斯匹次卑尔根岛则大约是0米，即海平面。

我们常常提到山顶上的冰，但是在这里用"冰"却不够准确，它表示的只是硬化的雪。真正的冰是无法在很高的山上存在的，因为在那样的高度上是没有水的。水的形式只有两种，那就是雨和融雪，但是我们在那样高的地方从来没有看见过下雨，那里只会下雪和冰雹。雪最多只有表面的一点点会融化，或者是在夏天少数几天没有云的日子里才会融化。一到晚上，融化的雪就会结冰，不过绝不可能有雪大面积融化，形成厚度很大的冰。我在此进行一点补充，现在我们说的就是勃朗峰上面的情况。

山顶是一条基本上保持水平的指向东西的很长的山脊，特别窄，无法容纳两个人并排在上面走。两边的斜坡都是大片白得发亮的雪地，什么起伏都没有。顶峰的雪上有一层很容易碎的薄薄的冰，一踩上去就会裂。这层冰是最表层的雪被太阳的热量融化后，在第二天晚上凝结形成的。山坡上有一处在太阳下暴露的面积更多，因而融化的面积也更大；所以，它凝结后形成的冰层更厚，足以承受一个人的重量。不过，无论是在什么情况下凝结成的冰，下面都有雪，有的很干，有的很紧实，还有的是粉末状的。在更深的地方还会有一层冰，而在这层冰下又会有新形成的粉末状的雪层，就这样一直循环下去。很明显，每一层雪或者是一次下来的，或者是常年的积雪，它们之间都被冰层分开了。

山顶的冰层特别薄，甚至会被风吹破，然后变成碎片，再被吹到更高的地方，与粉末状的雪混合在一起。这种情况发生时，可以在附近的峡谷看见从山顶升起来的一种浅灰色的雾或烟，被风吹向各个方向。山下的人看见这种景象，还以为勃朗峰冒烟了。有时在夕阳的衬托下这些飞雪会带点淡淡的红色，看起来如同火山爆发一般。要想测量覆盖在山上的雪的厚度是很难的。那需要在某个地方完全露出雪层的横截面，而且每个地方的横截面都不同。整座山顶被白色的雪盖得严严实实的，斜坡上没有能够看到它的厚度的地方。不过，通过许多种方法进行观察后，索绪尔估算出的顶峰的雪的厚度大约是60米，也就是勃朗峰斜坡上层的雪的厚度。

尽管这个厚度值得考量，却也显示了勃朗峰上面所有的雪量。一整年落在阿尔卑斯山上的雪的厚度是18米。可能有人会问，为什么经过几百年的累积，雪量不会越变越多呢？因为时而融化的雪的总量非常少，而且常常会形成能够对大量的雪起到保护作用的一层冰层，所以过去在山上这样的冰层是很多的。如今，这些冰层是不是应该根据它们形成的先后顺序进行排列，最底部是最早形成的冰层，最上面的是最后形成的呢？

不，不是的。大自然里的所有事物都遵循平衡定律，所以谁都不能在很长时间内受到优待，因为这会导致秩序混乱。要是大气中的水分都凝固起来，不限量地在山上集结的话，就会导致严重的混乱。假如高山上的雪一层一层地不断叠加，到最后就会形成一座竖直的冰雪建筑物，这样造成的后果就是毗邻的领土的整体温度会下降。永久积雪的范围就会不断扩大，各个海洋里的水在蒸发后，都会凝结成霜或冰，不会在适当的时候变成雨落到干涸的土地上，到那时无论怎么补救都无济于事了。随着时间的流逝，海洋里的水会逐渐被蒸干，全都变成冰，早晚有一天，整个地球表面都会变成现在北部的格陵兰那样。所以，山上的雪不可能会一层一层堆积起来，而是会慢慢融化，然后消失，如同别的地方的雪一样，在对土地进行灌溉之后重新回到海洋的怀抱。

不过雪并不是因太阳融化的，因为太阳发出的热量在那样的高度并不足以使其融化；使它融化的是地球的热量，也就是地球内部巨大熔炉的热量。你知道越深入地球内部温度上升得越快，那么你也应该知道这样小小的一点热量，无论是在冬天还是在夏天，一旦上升到山体，山上的雪层就会慢慢融化。所以，山顶上的雪不是从最上层开始融化的，而是从最底层。表面的雪不受太阳光的影响，但是会因长时间经受冰风的考验，而形成新的冰层；离地面很近的最底层的雪，因为受到地球内部热量的作用，温度始终都会保持在 0℃ 以上，变成液体状态，而它流失的速度也会与上层冰的形成速度保持一致。

另一个阻止雪堆积的方法是雪崩。如果雪片覆盖在陡峭的地方，只要稍微出现一点不平衡，就会滑下斜坡掉进山谷。一阵风、一块松动的石头、一阵枪声、登山者的踩踏，还有冰山的破裂，都极有可能会破坏雪的平衡，继而导致雪崩。雪崩一旦发生，就会波及与它相邻的地方，大块的雪以极快的速度下滑，同时发出雷鸣般的巨响，向一切阻碍物发起撞击，最后变成白色粉末状，就像从山边直泻而下的银色粉末状的瀑布。即便是大杉树也会被连根拔起，粉碎之后成了稻草堆。就连巨大的花岗岩也会被撕碎，然后消失无踪。有时由雪崩引起的大气扰动十分剧烈，甚至能把离雪崩发生地有一定距离的人或建筑物摧毁。

基本上每天都有雪从山顶落到附近的山谷里，这就是我们要在第十九章介绍的，冰川也有自己的来源。一般来说，因为这些雪崩的地方都是无人区，所以它们的破坏力都不太强。但是有时也会有雪块掉进有人居住的山谷，导致财产损失和人员伤亡，这是非常令人感到悲伤的。我们听说有的村子整个被雪崩破坏了，彻底被推翻，有的还原封不动地移位了。

到了春天，在太阳的照射下冬天的积雪会慢慢变得松软，旅行者就不得不走被雪覆盖的斜坡，不过走的时候要十分小心，不然的话随时可能会造成雪崩。如果可以的话，最好是在太阳出来之前走，因为那时经过一晚上的冰冻的雪还非常硬；要是人比较多的话，就应该间隔一定距离并排着走。这样一来，如果其中有的人被雪崩拦住了，剩下的人还能逃脱，然后对被困的人施救。还有，在走的过程中，一定要保持绝对安静，因为哪怕是骡子的声音，好吧，不管什么声音，都很有可能会引发雪崩。要是前面的道路非常危险，可以在通过之前，先开枪打落危险的雪块。已经发现在前往阿尔卑斯山的路上，有为了保护登山者不受雪崩的伤害而建造的隐藏的地道或者雪棚，这是十分有必要的。

第十九章　冰　川

　　大河流的发祥地是高山。在任何季节，无论是仲夏还是隆冬，海水都会通过蒸发变成云朵，然后被风带到山峰的上空，再变成落在山顶上的雪，最后一层一层地累积起来，不过它的岩床从来没有暴露过。这种雪融化的速度与更新的速度保持一致，所以被称为永久积雪，它是一个为周围被冻起来的区域供水的水库。最先融化的是永久积雪的最底层，它会形成慢慢流淌的小河、小溪，为缺水的土地提供适当的补给。

　　如果融化的速度太快，那么几天之内就会将本来用于未来几周甚至几个月的水用尽。如果融化的速度太慢，那么灌溉土地的就不是大河流，而是小溪了，这些小溪会在半路遭遇拦截，或者因太阳的照射而干涸。

　　高山上的雪融化得非常慢，太阳对它产生不了多大影响，在这么高的地方地球内部的热量起到的作用也不是很大，所以这里的雪不能将足够的水提供给附近的大河。而山脚下的雪在太阳的照射下则融化得很快。那么怎样才能让高山上的积雪更好地为它四周的土地提供水源呢？这时就要把高处的雪运送到较低的地方——积雪在适宜的温度下会大量融化，但是运输量绝对不能大于最大量。也就是说，如果想以固体形式把高耸入云的山峰所接收的天空中的水储存起来，以备不时之需，就得用特殊的工具把高处的积雪一点点运送到较低的地方，让它在更加温暖的环境下加速融化，不过在此过程中，要避免由于过早融化而对河谷和平原造成伤害。这种可以为我们的陆地造福的工具就是冰山。

如同我们看到的那样，从陡峭的斜坡上滑下来的积雪，会滑到附近的峡谷里。所以，在位于被雪覆盖的斜坡附近的海拔很高的峡谷里会有很多雪，它们都是多年累积下来的，并且因为雪崩还在不断更新。在各层雪的巨大压力下，最底部的积雪逐渐变硬变坚固，在部分融化成水，水又遇冷成冰的不断作用下，形成了冰山。每一个永久积雪区域的峡谷里都存在着冰山。单单阿尔卑斯山脉上就有上千座。这些冰山的长度不一，有的有两三万米长，有的有5000多米长，它们的厚度基本上都有三四十米，有的甚至还有200～400米。

再也没有什么能比冰山的外貌更多样化的了。有时，它如同表面被冰封的大海，在暴风雨即将结束时突然开始剧烈地翻腾。在另一边，所有的不均匀都会被消除，然后表面就像倾斜的飞机表面布满了不透明的水珠，或者像一面巨大的镜子。有些有很大的褶皱，就像雪花石膏、小瀑布，冻结在雪花泡沫的巨浪中，有些又像破了的拱门，有着最纯水晶的结构，有些又像方尖塔、箭头。到处都可以看到冰山的横断面开了一个很大的口，从那里可以看到它的最底部。有绿色或带点蓝色的光从横面墙之间透露出来，到了深一点的地方这些光就会消失不见。从这些裂口的底部冒出来的流动的水，实际上是流向冰川底部的急流。别的地方是冰洞穴，光射到它上面之后会变得非常柔和，让它看上去就像绿宝石一样。从这些洞穴流出来的水特别清澈，它们会流入如同水晶一般的水道，然后消失在冰缝里。同时，还会有那种贝壳形状的圆圆的冰川，在透明的冰里有一个很大的盆状窟窿。会有上百条的小溪流入这样的"盆"里，却不会将其填满，因为最后这些水都会消失在冰川深处。

在峡谷的最低处，如果垂直切开正面朝下的冰川，它就会突然停住，在它的最底部会有一个洞穴，这个洞穴的深度有时有30米。还会有急流以及绿色、黑色或奶色的浊流从冰洞穴的口流出来，根据岩石的特性，它在缓慢移动的过程中会产生非常大的压力，冰川就会慢慢磨损。石头混乱地堆在冰川前面。而急流在这天然的岩墙上方直泻而下，从一块岩石流向另一块岩石。

人能够突破很长的距离进入这些冰洞穴。适合冬天的海神居住的水晶洞穴里的光真奇怪啊！蓝的光从半透明的穹顶上方发出，这些光透过冰层之后，会变得十分柔和。可以在很厚的透明的墙上，看到靛蓝色和绿宝石颜色的光。与白天的光不一样，这种光是海底深处的颜色，即海绿色。如果太阳光碰巧穿过射进其中一个洞穴里，那效果该有多好啊，光的颜色该有多梦幻啊！冰棱柱、扭曲的边缘、支撑着穹顶的大柱子都会吸收光，并发出五颜六色的光。彩虹的颜色可以从一面墙反射到另一面墙，突然之间冰顶上方的钟乳石就会亮起来，每个边缘都会产生色彩缤纷的火焰，每个点都闪闪发光，如同红宝石一般。所有的冰都如同悬挂着的闪光镜，将每个事物变得五彩斑斓。

冒险进入这些冰山底部是非常不明智的，尤其是在其融化期，如同其他时间一样，头上掉下来的巨大冰顶可能会把鲁莽的探险家压碎。两个年轻人去探测罗纳河冰川，他们冒着生命危险开了枪，想要听到爆炸的回声。但是那一枪足以将冰顶击垮，然后那两个鲁莽的年轻人就这样丧了命。不过，勇敢的探险家为了看看里面的景象，还是会不顾这些危险，尽可能地深入冰洞穴里。他们说进入里面很深的地方，可以看到各种各样的分叉，最里面的通道很窄，就算是探险家也无法进去，而且融化的冰雪形成的河流还将这些通道淹没了。

现在，让我们重新回到冰川的外面。通常来说，它那呈颗粒状的表面并不怎么光滑，反而还挺粗糙的，因此只要斜坡不是特别陡，一般情况下是不会掉下去的。它的表面通常是圆圆的水珠状颗粒层，踩在上面如同踩在沙子上一般。颗粒状的冰有点像粗盐，其实是很早形成的雪。它形成的条件是：部分融化的雪再度凝结，颗粒雪被水渗透后就变成了颗粒状的冰。最后，峡谷最顶端的冰山就在粗雪下消失了。

别的地方的冰都不像河里的冰这样，又紧实又均匀，而且还连绵不断。不过，它们大多都是由又小又松散的透明冰片组成的，由于冰片之间的凝聚力很小，因此很容易就能将一块冰粉碎成很多块。在冰川的下端，这些碎片差不多跟胡桃一般大，而到了更高一点的地方，碎片就跟豌豆一般大了。很容易解释这种单一的结构。如果一大片供水系统结冰才突然形成了冰川，那么它的冰就会是透明且均匀的，但冰川的形成并非始终如此。它的形成通常都是因为雪崩造成的雪块的下落，雪块下落到峡谷里，经过慢慢堆积就形成了冰川。白天，这种雪在水的浇灌下，有一部分开始融化；到了晚上，这部分融化的雪就会结冰；最后，在融化和结冰交替进行后，就变成了有气孔的颗粒状的冰。如果把一点雪弄湿，再使其结冰，它也会变成一小撮冰山。

冰川还有一个值得注意的特征：在冰川的两旁，延伸到最长的距离，周围都是由坚硬的岩石、细沙、粗沙和大量的泥土混合而成的物质，这些物质是长条的碎片，在打雷或雪崩时，这些碎片就会滑下陡峭的斜坡。边缘的长条物体就是冰川侧碛。

冰川给人的感觉是永远不动的。这些已经存在了好几百年的巨大的冰块，好像永远固定在峡谷里，从不会移动。那一层一层结冰的水似乎很坚固，强度可以媲美历史悠久的岩石，而且看上去好像没有可以移得动它们的东西，除非是巨大的震动——能够震得动控制它们的山底。

不过冰川给人的这种第一印象是假的，因为它实际上是会移动的。它们就是以固体形态存在的河流，与液体河流一样，它们可以自给自足，还能流动，尽管移动的速度十分缓慢。一座冰山每天只能移动几厘米，而且整座冰山是一起移动的，当然，要想做到这一点，它得拖拽着一个巨大的冰层。如同河流冲蚀的河谷是它的河床一般，河岸的土壤会因流水而变软，然后被流水冲刷掉；冰山会使最硬的岩石发生磨损，并把它变成泥。在一块破布里放上一点细沙，再用它擦石头，只要摩擦的时间够长，就会使石头变得很亮。如果换成粗沙，就会将石头磨出划痕。同样，在向前移动的过程中，冰川不是把岩石磨得很亮，就是把岩石磨得坑坑洼洼。在这里，重量跟一座山一样的冰川就好比是那块破布，而矿物质碎片就是那小小的沙，它们磨损岩石的裂痕，最终在底部找到了出口。

这样的摩擦力是任何东西都无法抵抗的。它将山谷底部暴露的岩石磨出了很深很长的沟，并且方向与冰川移动的方向是一样的。水道是平行的，已经形成的沟痕经过这些更加强烈的水平摩擦，就会被磨成碎片，变成颗粒状粗细不一的沙子，最后，这些沙子会变成非常细的粉末。冰川柔和的摩擦能够磨平还很粗糙的地方，还能把磨损的岩石的表面变光滑，如同大理石一样。同时，冰川底下流动的水还会带走摩擦产生的泥，所以总是会有浑浊的水从最底部的洞穴流出。

被河水带走的沙子、小石子和泥会在河流的出口沉淀。一条冰河总是不断运输它承载的矿物质，不过那些小石子是山的碎片，它们不会在河床底部囤积。我已经跟你们说过，冰川的两边各有一块条状的由矿物质碎片组成的冰碛石，在雷电、暴风雨和雪崩的频繁作用下，冰碛石会从附近的顶峰和斜坡上落下。这些沉积物会随着冰山慢慢地向山谷靠近而跟着它移动，冰川的运载能力非常强，甚至还能移动从山边切下来的大块岩石。冰川会慢慢地向温度比较高的地方移动，一旦温度达到了冰所能承受的最高极限，冰山就会一下子变得十分陡峭，接着会一直融化，不断地在前进的过程中进行更新。

冰山就是在这里从霜冻中解脱出来变为液体状态，形成了急流，之后自由地流入峡谷。冰川以及它两边冰碛石上的每一块碎片，都慢慢地移向最后的绝壁。这一过程所需的时间非常长，不过没有关系，碎片最终肯定会抵达目的地。支撑它的东西会一点一点地被移开，当支柱开始慢慢融化时，它就会逐渐变成悬空状态，直到没有任何东西可以支撑它时，它就掉进了碎片群里。就这样，由岩石、石头和别的物质堆起来的东西就在冰川前面形成了，我们将其称为终碛。冰河会把这些终碛堆积起来，作为自己的冲积砂床。

刚刚我们介绍了冰川移动产生的主要结果，现在的问题是：这些大块的冰是怎样形成的，以及能够推动这样一座冰山向山谷移动的力量是什么？冰川的移动主要是因为两个方面——冰河床的倾斜和冰的膨胀力。

基本上没有哪个冰川不是倾斜的，而且由冰融化形成的水流会流淌在冰块之间的缝隙里，哪怕在冬天也是这样。显然，这部分由于流水而与地面分离的冰，因为本身重量的原因，被推着沿斜坡前进，然后就会以稳定的速度移向高度低一点的河谷。

另外，因为与水比起来，冰填补空间的能力更强，所以当它形成了一个大小固定的密闭的空间，且四周都是冰墙时，它就会向冰墙施加无法抵抗的压力，这种压力就是膨胀力。此外，我们都知道冰川并不是一种绝对均匀、绝对紧实的物质，因为它是由来自四面八方的破裂的雪堆积起来形成的，所以上面有很多小孔和尚未被填满的空间。白天，当雪的表层融化时，冰川为了填满自己的气孔和裂痕就会把这些雪水吸收进来。到了晚上，温度降到零下，裂缝中的水结了冰，开始把承载着它的冰墙向里推，这样一来，就形成了颗粒状的冰，这和楔子的作用原理是一样的，这一大堆物体在膨胀时互相作用，产生的内部推力总和非常大。所以，对两边冰山起到支撑作用的冰床就会发生扭曲、变形，可以说这是它为了推翻两座冰山对它的作用力而在竭力挣扎。这时，冰破裂的巨大响声就会在冰川深处回荡，冻住的河流就沿着破裂的通道畅通无阻地流进了河谷。

不同的冰川每年移动的距离也不同，峡谷的倾斜度与冰川移动的速度有很大关系。有些地方的冰川，平均每年移动的距离是20米。不过无论移动的速度怎样，等到了温度足以使它融化的地方，它就会变成十分陡峭的悬崖，形成急流，也就是河流的源头或支流。在那个地方，太阳的热量会一直对冰川进行破坏，同时在河谷的顶部会有新形成的雪堆积，然后开始往下移，使得冰川看上去似乎并没有动。

值得注意的是，能够使冰川上面的雪完全融化的地方，是远离永久积雪的分界线的。永久积雪的分界线大约是在海平面上2700米的地方。有些高山冰川必须向海拔为1000米或1100米的地方移动。在那里，不仅草地、大树可以生长，甚至还能种植农作物。想象一下下面的这种奇怪的景观：这些从永久积雪的地方移动过来的冰川，在有胡桃树、农田的峡谷底下，勇敢地迎接太阳的照射。蓝色的冰墙旁边也许会有黄色的稻田，蜜蜂在黑桤木的花里采蜜，牛群在海拔很高的草地上吃草，一边是舒适温暖的夏天，而几步之外的另一边却是寒冷的冬天。不，我错了，那就是生命。这些大冰块表面的雪在太阳的照射下一直不停地融化，底部的雪由于地球内部活动产生的热量也在不断融化，因融化产生的雪水在冰块底部形成一条急流，它用不了多久就会变成一条河，可能会成为某条河的支流，在流经数百里后，灌溉大片的土地。没错，那就是生命，尽管一切看上去似乎并非如此。实际上，冰川是上层水库派来的使者，这个水库能够保证整个区域的供水，不过供水系统总是会被温度控制。冰川是运输水的工具，它的运输速度非常慢，因为冰雪在山顶上是不会融化的，所以冰川就把它们带到了峡谷里，好让它们在这里融化。

第二十章　大　川

　　大量的泉流和小溪汇成了河流，而它们的水源就是雨、融雪和大气中的水分。地面天然斜坡上的河流从各个方向流下来，汇聚到一处，形成更大的河流，而这些河里的水会接连不断地向主要河流流去，并最终汇入海洋，也就是它们的发祥地。这个大的水循环系统从大海开始，又到大海结束，灌溉了土地并使其更加肥沃。开始时，它的形态是大气中的水分，最后回到海洋中时，它的形态则变成了陆地水。如同心脏是血液的起点和终点一样，大地血液——水的起点和终点就是海洋。

　　每条溪流都有成千上万种出发的方式。有些水是从冰山底下厚厚的冰层流出来的，之后经过上千条水道，流入洞穴，变成急流。有些溪流会形成洪流从某个远离水源——融雪和冰的山谷底部的岩石中喷发出来。有些会从破裂的岩石缝里一滴一滴渗出来，或者从松软的土地慢慢流出来。在这么多的方式中我们选两个作为例子：一个是从冰川岩洞里流出的泉流，对此你们已经非常熟悉了；另一个就是沃克吕兹省的喷泉，这是在法国可以看到的最著名的泉流之一。

　　我将对这种因其灌溉的地方而闻名的泉流进行详细介绍。这股泉流从很大的峡谷中涌出，最后突然流入由岩石形成的坚固的壁垒。沃克吕兹意为关闭的峡谷，指的是从峡谷中穿过的壁垒。想象一下，光秃秃的坚固的岩石墙位于峡谷的两边，而它的底部是由受到风吹雨打的比较小的岩石叠成的金字塔，在你面前有一堵将所有前进的道路都阻断了的红色的墙。这堵墙或壁垒即为陡峭的山边。这就是非常有名的沃克吕兹峡谷。

在低潮的季节，峡谷的顶部就只有堆在一起的上面长满了黑色苔藓的大块的岩石。从它柔软的背后看，略加想象，也许就会把这些被苔藓覆盖的东西当作在某个阴凉地方蜷缩的"水怪"。这种奇怪的群体"水怪"大量涌现在各个地方，不过水却是平静且清澈的。不过主泉流在最后一块壁垒的脚下，而不在这里。坚固的岩石上开了一个很大的且非常陡的口。你继续往下走，就会发现自己在一个天然形成的地下室里，它的上面是一座山，下面是平静天然却深不见底的水。

这里的水位在下雨或雪融化的时期就会上升，将洞穴填满后再上升到斜坡上，再以2400升每秒的速度溢出。于是，沃克吕兹喷泉就会发生"大暴乱"，它的水会在满是苔藓的岩石中弹来弹去，变成白胜雪的小瀑布猛地向下跌，同时溅出大浪花，冒出沸腾的泡沫。深处的山谷里一切都非常平静，不用走多远就能看到一条十分重要的河，那就是索尔格河，它的水源就来自沃克吕兹喷泉，它在对沃克吕兹省进行灌溉后，会注入罗纳河。在干燥季节，光秃秃的山谷底部十分荒芜，人们几乎都把它当成老火山口了，那么这些从它底部流出的大量的水究竟是从哪儿来的呢？这些水来自常年积雪的冯杜山，是从地下水道渗出来的。

河床是一个沿着斜坡把水引到出口处的水道。地球表面隆起的部分会改变河床的位置，继而形成瀑布。如果小溪的水量不太多的话，我们会将其称为小瀑布，而大瀑布一般都是由大河流引发的。

加瓦尔尼有欧洲最著名的大瀑布。皮尔度山是比利牛斯山脉最荒凉的地方，而著名的加瓦尔尼的半圆形高原就在它附近。它是一面四五百英尺高的垂直的半圆形的岩石壁垒。这壁垒上面的孔都是冰川留下的，而它本身又处在一座被雪覆盖的屹立于梯田中的高山的半圆范围内。在这半圆范围内，流向高原的小溪有 10 ~ 12 条，其中从 440 米高的悬着的岩石顶部落下的那条是最大的，它在刚落下时以及落到全程的五分之二时都与山边发生了接触。看上去如同一块银色纱布或长条棉布飘扬在壁垒的顶部。水柱在穿过空气时不会像云穿过空气那样白得泛光，同时产生很大的波动，而是透过它半透明的薄雾的光，变得五颜六色，在边缘消失，然后又出现。

最后，这股散发着璀璨光芒的带状流水会落到地面，与岩石发生碰撞，形成泛起泡沫的急流，再吐出光闪闪的喷雾，如同一簇展开的美丽的羽毛在飘舞一般，非常耀眼。烟雾笼罩在它的上方，而它的背面则是黑黑的岩石壁垒。这部分高原的地面位于永久积雪区，瀑布从这里经过时，通过底蚀作用，会在雪地上冲出一条路，这条路就被我们称为冰桥。不远处，流淌在冰雪下面的溪流，会被从高处落下的瀑布所吞噬，形成略带一点深蓝色的泡沫急流，从高原的缺口处冲下来，进入峡谷。

北美五大湖之间其实是互通的，在它们的共同灌溉下，形成了圣劳伦斯河。在伊利湖和安大略湖之间的峡谷，河床突然下降了50米，因而形成了尼亚加拉瀑布。这是世界上著名的瀑布之一。

小溪投入峡谷的方式与小河、大海投入的方式相比非常不同。瀑布边缘的一个碧绿的小岛把瀑布分成了两部分，一部分是马蹄形的，一圈是600米，在加拿大，另一部分没有曲线，一圈是300米，在美国。这个双瀑布被印第安人称为"雷神之水"，落下的水量可达2500万升每秒。

这景观真是令人拍案叫绝。从边缘拂过的水有着墨绿色的表面，而在向下流动的过程中它的表面却变成了多色的，如同水晶刺绣一般，最后落入深渊时还泛起了泡沫。与此同时，水落下与河床相互撞击发出的声音完全可以媲美狂风暴雨时的雷声。这时，还会从沸腾的水中升起白色的薄雾，继而飘浮在瀑布周围，如同火灾时形成的烟。

位于美国这一部分的瀑布上还建了台阶，这样一来，就能到达瀑布的脚下，还能走到它的下面，穿行其间，一边是可怕的瀑布，另一边是陡峭的岩石。有一个人口稠密的小镇位于瀑布这边，它从河流注入的地方向岩石高原蔓延，而远一点的地方有一座悬空的桥，横跨在河流的两岸，堪称人类战胜自然的伟大杰作。这座桥有上下两层，上层是火车道，下层是人行道和马车道，两层之间相距8米。

如果河床是倾斜落下，而不是垂直落下，并且同时将石头撤出，我们就将其称为急流。在这种情况下，落下的就不是大瀑布，而是带有岩石的一系列小瀑布了。

有时，在流动的过程中河水也会遇到障碍物。这时，土壤就会为河流让步，形成地下水道，在远处消失的河流，早晚都会再次出现，然后继续像以前那样流淌。从日内瓦湖流出来的罗纳河就是典型的例子。同样，默兹河会消失在巴卓伊利斯附近的地下，然后出现在与此相距10千米的地方。西班牙的瓜迪亚纳河渗入松软的土壤里，然后又在海拔较低的地方大量汇聚。河流流经的这片土地被西班牙人叫作宽桥，这里可以放牧上千头角牛。不过也有永久消失的河流，好像永远在地下消失了。这是因为它在流出地面时，会被太阳晒干，或者被沙质土壤完全吸收。这种的不完整的河流，即没有出口的河流，在非洲非常多见。

在它流经的途中，海拔低一点的地方的水道有点倾斜，而且这里的水十分平静，河流携带的矿物质及别的物质就会在此沉积，因此河水无法快速流过这里，大量的泥土、沙和其他冲积物在出口处聚集，堵住了水道，又把河流分成了许多条。在河流与海洋交汇的地方，沉积物使得河流的集合口变成了三角形的，这样的三角形地带被我们称为三角洲，因为它的形状极像希腊语中这个单词的首字母，即字母D。罗纳河、恒河、尼罗河、莱茵河、密西西比河和其他的大川都形成了这样的三角洲。罗纳河在略低于阿尔勒、距海约3500千米的地方分流，然后汇入地中海的一部分和它的两臂之间，这部分面积达37万亩①的地方就是卡马戈岛，即罗纳河的三角洲。它的面积并不确定，而且由于这里混合着海水的沙和河水的冲积物，因此无法分清它是盐水区，还是淡水区。可以分清这里的三个区域，依次为耕田区、放牧区和池塘区。从河岸到三角洲的中间是一个区域，这部分

---

① 这里的亩，指英亩。英亩是英美制面积单位，1英亩≈0.004047平方千米。

主要是一个面积很大的池塘，即卡尔卡瑞斯池塘。

耕田区位于罗纳河的两个入口处，由于这里每年都会有冲积物沉淀，所以土壤十分肥沃，种植了许多庄稼；另外因为河水的渗透，这里的土壤中是没有盐分的。放牧区，即盐田，就在这一带上方。这里没有人看管，是完全公开的，只有牧羊人会定期带着他的三尺鱼叉来这里，把一大群的牛驱赶到一起，重新把它们驯服。这些牛又小又矮又黑又壮，眼睛很大，牛角也很可怕，它们已经抛弃了温顺的个性，恢复了自己的本性。可以让人想起它们还是人类的雇工的标志只有一个——它们是屠宰场里的牺牲品，而且因为它们十分凶暴，所以能在斗牛场上让人得到满足感——这个标志就是在它们的肩胛骨部位有用红热的铁烙上去的主人的标记。

在这片牧场上，从阿拉伯人那里遗留下来的野马自由狂欢在曾经属于阿拉伯人管辖的法国南部地区，无论天气有多糟糕。这些又小又白的未被驯养的马非常勇猛。到了丰收季节，人们会把它们驱赶到打谷场帮助给粮食脱谷。做完这些，它们就又恢复自由了。

池塘区，无论是未形成的还是形成中的，都被视为干地，河流与海洋在这里发生了冲突，河流将能够使土地变得更加肥沃的肥料带到这里，但海水却在不断地对它们进行冲刷。过不了多久，河流就会取得胜利，它的冲积物会在三角洲的上半部分堆积。这时，海岸线会非常缓慢地向大海延伸，不过可能经过几百年才延伸了一点点。在此过程中，水的作用始终排在第一位，之后是土壤。

海水从移动的海滩穿过时，会向四面八方流去，在每个地方都留下自己破坏的痕迹。即便是高处干燥的土地也无法幸免，盐分会从表面开始向土壤里渗入，直到浸透整片土地，然后会有一层光亮透明的盐覆盖在表面。北风猛烈地打击着稀稀疏疏长了几棵松树的平沙地，薄薄的一层盐铺在延伸出去的土地上，腐烂的植物形成污浊的咸水湖、盐水池、沼泽、恶臭的淤泥——这就是位于低处的卡马戈岛。

这块对人类的健康有害的区域，却实实在在地成为海鸟的天堂。野鸭最喜欢去的地方是池塘，可以在沙丘上听到千鸟的叫声，还可以在芦苇间听到野鸭低沉的声音。燕鸥和海鸥尽情地在水面上飞翔，它们看向飞过的水面的眼神中带着极度的饥渴，要是有鱼出现被它们看见，那么这条鱼就无法逃脱了。另外一只红色的鸟是什么呢？它有着与身体十分不成比例的长长的腿，如同踩着高跷一般。它就是最奇怪的鸟类之一的火烈鸟。它的脖子的长短粗细都和腿一样，但它的嘴巴十分扭曲，和别的鸟完全不同。它会用这张难看的嘴巴挖出泥土里的贝壳类动物，并把它们敲开。它的窝是塔状的，黏土结构的，顶部用来装蛋的地方是碗状的。孵蛋时，它会让两条腿悬着跨坐在鸟巢上。

很难对河水带来的沉积物的量进行测量，不管是沉积在出口的部分，还是被冲到海里的部分。一年中，从恒河注入孟加拉湾的淤泥就有3560万吨。它旁边的雅鲁藏布江，每年携带的淤泥的量跟它相仿。中国的黄河和长江是陆地上最活跃的大河。每隔25天，在黄河出口处堆积的沉积物的面积就有1平方千米，迟早会将它所注入的海湾填满。从长江注入海里的沉积物是恒河的3倍。要是用船运输这些沉积物，每条船承载1400吨，就需要2000条船，这些船每天得到河里去，再把货物运送到海里。到了雨季，亚马孙河特别宽，它的泥水能从大西洋扩散到远在1000千米之外的地方。谁能估算出从南美洲土壤里流失的、在海里沉积的这些淤泥的量呢？阿迪杰河和波河的冲积物不断占领亚得里亚海，平均速度为每年20米。许多位于这些河流出口附近的城镇以前都是港口，不过现在却与海岸保持了一定的距离。18世纪前，亚得里亚因其所在的海岸而得名，现在那个海岸已经有40千米远。以前拉文纳也是一个港口，现在10千米长的干地将它和大海隔开了。

多数情况下，涨潮和退潮的水每天都会冲洗注入海洋的河口，尤其是在海岸的潮水特别猛烈的时候，基本上会冲刷掉所有淤泥。这样一来，就会导致淡水和咸水混合处的深海湾扩大。我们将这样的口叫作河口。拉普拉塔河的宽度为250千米，是乌拉圭河和巴拉那河注入的河口。亚马孙河的出口很像一个河口，宽度为50千米。吉伦特河也是一个河口，它是由多尔多涅河和加龙河合成的。大船可以顺利地在这些被河流和海洋挖出的河道里通行。

通常来说，如果潮汐没有将河流出口的淤泥冲刷干净，就会形成三角洲。如果潮汐把河流的出口冲刷干净了，就会形成河口。流入地中海的河流就属于前者，而注入海洋的河流就属于后者。罗纳河流入了地中海，因此形成了三角洲——卡马戈岛。多尔多涅河和加龙河注入了大西洋，因此形成了河口——吉伦特河。

世界上主要的河流		
名称	所在的洲	长度
亚马孙河	南美洲	5660 千米
长江	亚洲	5380 千米
叶尼塞河	亚洲	5180 千米
勒拿河	亚洲	4440 千米
阿穆尔河	亚洲	4380 千米
欧碧河	亚洲	4300 千米
黄河	亚洲	4220 千米
尼罗河	非洲	4200 千米
伊拉瓦迪河	亚洲	4070 千米
麦肯齐河	北美洲	3930 千米
柬埔寨河	亚洲	3890 千米
巴拿马河	北美洲	3650 千米
印度河	亚洲	3630 千米
格兰德河	北美洲	3440 千米
伏尔加河	欧洲	3340 千米
尼日尔河	非洲	3300 千米
圣劳伦斯河	北美洲	3300 千米
雅鲁藏布江	亚洲	3200 千米
恒河	亚洲	3110 千米
幼发拉底河	亚洲	2760 千米
多瑙河	欧洲	2750 千米
圣弗朗西斯科河	南美洲	2500 千米
奥里诺科河	南美洲	2500 千米
哥伦比亚河	北美洲	2400 千米
第聂伯河	欧洲	2000 千米
多河	欧洲	1780 千米
易北河	欧洲	1270 千米
塞内加尔河	非洲	1150 千米
莱茵河	欧洲	1100 千米
罗纳河	欧洲	1030 千米
卢瓦尔河	欧洲	960 千米
塞纳河	欧洲	680 千米

第二十一章　湖泊和泉水

每块陆地上不仅有流动的河流，还有静止不动的水体，被土地包围的这些静止的水体基本上不与海洋发生直接联系。这些水体就是湖泊。如果面积很大，深度很浅，又很难定义海岸，我们就将其称为沼泽或湿地。主要的湖泊一共有4种：

第一种湖泊中既没有溪流流进，又没有溪流流出。这种湖泊一般都非常小且不太重要。这样的湖泊在奥弗涅的死火山的山口就有很多。这些曾被岩浆填满煅烧的碗状凹地被雨水填满了，随着雨水的降落，得失达到平衡，所以水平面总是保持一致。

第二种湖泊中只有流出的溪流，没有流进的溪流。它们的灌溉源泉是地下隐藏的泉水，在溢出来之前，泉水会大量涌入盆地或将这个盆地填满。这样的湖泊是许多大川的水源。圣劳伦斯河的水源就是位于加拿大和美国之间的五大湖。

第三种湖泊中既有流进的溪流，又有流出的溪流。人们通常把它们看成是流经它们的溪流的扩张。比如，罗纳河穿过的日内瓦湖和莱茵河穿过的康士坦茨湖。

最后一种湖泊中有溪流甚至是大川流入，但是又悄悄地流出。你也许会问，有水流入这些水库，却没有水流出来，难道这些水到最后不会溢出来吗？答案非常简单：流入的水都蒸发出去了。要产生这种结果，水的表面必须是暴露出来的，而且必须达到可以蒸发足够的水的温度，这样才能使流入的水和蒸发的水达到平衡。这种湖有些是咸水湖，要是面积足够大，就被人们称为内陆海，比如死海、里海、咸海。伏尔加河是欧洲最长的河，它的水就流入了里海。里海的水位和与它相邻的黑海和地中海比起来，低了25米。地面上有一个经地球外壳弯曲形成的巨大的洞，里面储存着里海的水。

与里海相比，死海填补的洼地面积大得多，它的水平面跟地中海比起来，低了400米。《平原上的城市》这本书中认为死海是被天火烧了之后遗留下来的古代遗迹。在慢慢靠近它时，耶路撒冷来的旅行者从一个陡坡上掉入了某个巨大的火山口。这个大海里的水是被诅咒的，尽管它的名字十分悲惨，而且与海洋一点联系都没有，但实际上它本身并没有任何值得悲伤的地方。相反，在太阳的照射下，闪闪发亮的它呈现出十分绚丽的蓝色；不过因为它太重了，所以不会泛起微波，哪怕被风吹也不会出现太大的动作，它总是非常平静，就算在小石滩上也不会泛起泡沫。它是一个静止、平静的死海。每个地方都是盐，土壤中有盐，水中有盐，池塘和泥潭里有盐晶体，就连整座小山都是由盐组成的，黏土也不能让它变黑。岩浆碎片和煅烧后的岩石在它的岸边堆积着。

但是，死海的周围并非全是贫瘠的。植物会在有淡水的地方生长。能够看到跟人一样高的芦苇丛，还有长了水果的单一的灌木丛，这种水果就是死海之果。死海之果跟普通的绿苹果有点像，只是它的表皮非常硬。打开果实后，就能看见白色细粉末状的东西，要是吹走这些粉末，就可以看到一包如同鸟儿的蛋一般的种子。死海的周围除了这些少量的绿色景点外，是十分荒凉的。

河流、湖泊和其他内陆水体最值得注意的特征，我们都已经讲过了，现在我们来讲一些相对而言不是那么重要的特征，不过它们非常有趣。我会把有关泉水的知识告诉你们，不过，让我们先来了解一下静水力学定律，我们下面要讲的内容都可以用这个定律来解释。

在一个酒杯状的玻璃容器里面装满水。这个容器A的底部连接着一支金属试管B，金属试管B可以连接各种各样的试管，哪种形状的都行。将金属试管B用一个活塞堵住，阻止它接通别的试管。如果打开活塞，那么玻璃容器的水就会流到试管里，等试管中水平面的高度与玻璃容器的几乎持平时水才会停止流动，无论试管的形状怎样，像D1那样也好，像其他两个那样也行，结果都不会发生改变。使用这三种试管时，试管中的水到达的位置几乎相同，如图17中标出的虚线。这就是连通器原理：如果几个任意形状的玻璃容器底部相通时，往其中一个容器里倒水，那么最后水在各个容器里的水位都是相同的。我们公共广场的喷泉采用的也是这一原理。经由某深处的水库的地下水管的引导，水会在喷泉砌石里的水管中上升，找寻自己的水位，如果水库里的水位比喷泉的孔口高，那么水就会从喷泉的孔口中流出来。反之，水就不会流出来，因为喷泉孔口的水位会下降到与水库的水位几乎相同的位置。

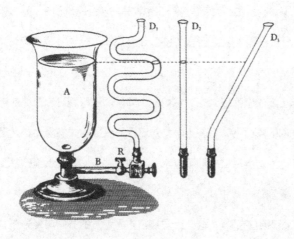

图17

现在假设图里的金属试管 B 与玻璃试管不通，然后把活塞打开，会发生什么情况呢？水会向空气中喷射，喷到高度几乎与容器中的水位相同的地方。能不能到达这个高度要由水的重量和它在上升过程中遇到的阻力决定。用这种方法，可以解释人工喷泉和自然喷泉是相同的原理。假设有一个高架水槽和地下垂直向上的水管是相通的。只要这个开口够小，并且低于水槽的水位，那么水就会用力喷到与水槽高度几乎相同的位置。我们在前面已经解释过，要是达不到这个高度是什么原因了。射出的水的高度是由喷射口与水槽中水位的垂直距离决定的。

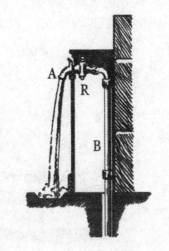

图18

　　总而言之，水和其他液体一样，也具有非常强的流动性，它倾向于在所有的导水管或容器中达到相同的高度。而且要是每个导水管都有一个向上的开口，那么水就会从这个开口往外喷出，到达与水源的水位几乎相同的高度。

　　根据土壤的阻塞能力来对它们的不同层次进行划分。更专业点说，就是根据它们的渗透性。有些土层会对流水产生非常大的阻力，尤其是黏土层，而其他土壤能够自由地吸收水，特别是沙层。假设土壤的黏土层一共有两层，分别记作 A 和 B，如图 19 所示，一层沙层 C 在 A 和 B 之间。就像我们在前面讲到的那样，这些土层会在不同地方的不同深处分布，这是由地球外壳的移位、弯曲、褶皱造成的。某个地方深处的土层在另外一个地方可能会出现在表层。那么，我们假设某地某个深度的沙层上升到另一个地方的表层了，如图 19 中右边的部分。这样的情况会突然发生在湖底、河底以及其他水体的底部，或者永久积雪的山脉上。同样，也会发生在被夜晚凝结的霜笼罩着的山边，或者雨水聚集的凹陷处。不管是在哪种情况下，因为沙层本身具有超强的渗透性，它会将在两层渗透性不强的黏土层之间集合的水吸收进去，从而形成一个又广阔又富足的地下水体。

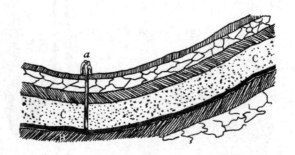

图19

　　如果沙层上升为某个地方的表层，比如深峡谷的两边，或者自然形成的土壤裂缝、裂隙，或者与外界相通的其他开口处，就形成了以地下水库为灌溉水源的喷泉。不过饱和沙层也可能不会出现在表面，或不与外界相通，那样的地下水就不为人所知，可能它就在我们的脚下，或者就在最干的土地下面。为了使它在表面出现，被人们好好利用，就必须给它开个口。假如在图19中的a点处钻一个孔，一旦这个孔向下到达储存水的两层中的上层，水就会从开孔处喷出，达到水源——池塘、水库、河流或者湖泊的水位。如果钻孔的位置比水源的水位低，那么喷出的水的高度也许会偏低或偏高；如果不是，那么喷出的水就会达到与水源的水位相同的高度。

　　为了到达储水饱和的那一层，一般都需要挖到中等深度，这样挖出来的井能够通过水源的补给，达到与湖泊、溪流或池塘的水位相同的高度。如果水源的水位有所下降或上升，井里的水位也会随之下降或上升一样的幅度。不过如果地下水体埋藏的地方非常深，那么就可以挖自流井，它是因为最早出现在阿图瓦而得名的。在非常有力的钻孔工具——一端是铁棒的帮助下，随着钻孔越来越深，一个直径为一到两分米的孔从土壤各层——泥灰层、碎石层、黏土层，也许还有石灰岩层穿了过去，直到发现水，它的深度可能达到了几百米。在钻孔的过程中，要是遇到了最硬的岩石，习惯上会使用一种与手术钻孔机相似的工具。然后再用一种像勺子一样的铲子将洞里的碎石、泥、小石头、沙子及其他障碍物清除。最后，一般会采用挖空的方式，以保住圆柱井的墙壁，同时，为了防止水从旁边流出去，还会将一根金属管作为内衬放在洞里。

大地的故事

在将这个话题结束之前，我想请你们留意一下自流井的高温。这是因地球内部的热量在水源处产生的流动导致的。

在某些地方，有种喷泉可以几乎不停歇地一直喷上几天，乃至几个月——喷着喷着，会停一会儿，然后接着喷。在水耗尽后，这些奇怪的喷泉经过一段时间又会获得水源，然后接着喷，我们把这样的喷泉叫作间歇泉。如果只举两个例子，那么我要说的一个是科尔马斯喷泉，它位于阿尔卑斯山，每隔7分钟就会停一会儿，然后接着喷；另一个是皮尤斯格罗斯喷泉，它位于尚贝里，每隔6小时喷一次，一天内喷发的时间分别为太阳上山时、中午、太阳下山时、半夜。对于这种奇怪的喷泉，我们可以用虹吸管的原理进行解释。

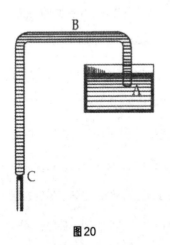

图20

虹吸管是一种弯管，或者是两边弯曲，或者是曲线弯曲，而且一头长一头短，如图20中的ABC管。将要被排出的水放进短的那边，如果你用嘴巴在C口处吸，直到整个管子里都充满了水，然后移开嘴巴，水就会往外流，直到水槽里的水面下降到短的一头的底部才会停止。这是因为大气压力对水槽中的水产生了向下的作用，所以水才会从长的一头流出来。

物理学证明，大气压力无处不在，而且这种压力足以支撑试管里10米高的水柱。为了表达得更清楚点，我们假设虹吸管长的一头长3米，短的一头长1米。大气压力对水槽里的水产生作用，将它们输送到开口A处，这个压力能够支撑10米高的水柱；不过，这里的水柱的高度只有1米，也就是说还有能够支撑9米水柱的压力没有释放出来。同样，C口处的压力也能够支撑10米高的水柱，不过这里的水柱的高度只有3米，也就是说还有能够支撑7米水柱的压力没有释放出来。因此，在这个假设的实验中，A口处没有释放的压力能够支撑9米高的水柱，C口处的只够支撑7米高的水柱，虹吸管里的水在两个不同的压力下无法保持静止，于是就从长的一头（压力比较小）流出来了，很快从它这边流出来的水会比水槽里剩下的水多，直到短的那一头快要离开水面。那么，很明显，当虹吸管里充满液体时，因为两头压力不均衡，无论怎样，液体都会从短的一头流向长的一头。

现在，我们来看看图21，假如在某座山的深处有一个这样的洞穴，渗进去的水在这个洞穴里聚集，而这个洞穴通过与虹吸管类似的裂缝ABC与外界相通。如果，在某个时间，流出裂缝的水多于洞穴吸收的水，只要短的一头在虚线上面，水就流不出去，直到洞穴里的水再次高过虚线时，大气压力才会把水压进短的一头，等到整根管都装满水后，水就会从长的一头流出去。但是，水流出去的速度比洞穴吸收的速度快，所以洞穴里的水位就会下降到图21中的AG线处，即与短的一头的最低点保持水平。这时，水就不再流出了，短的一头会慢慢离开水面。不过水是源源不断地注入的，很快水位就会再次上升到B点，于是喷泉就又开始了，而当水位重新下降到AG线时，喷泉又会停止，如此循环往复。现在，知道这些原理后，你们再看间歇泉，就感觉没有那么神秘了吧。

图21

　　石灰性的土壤里的水在溶解时会产生碳酸石灰。要是水再闷一会儿，碳酸石灰就会沉积下来，直到在容器内部形成一种难以去除的土质涂层。有时，这种石灰水的水垢会把喷泉管堵住。某些充满了石灰的喷泉里面，就会发生硬化，从外面看，会看到水在喷出时带着某种东西。位于克莱蒙费朗地区的圣阿尔妮瑞的喷泉就是如此。几天时间，水果篮、鸟巢和其他暴露在它喷出的水下的东西，都裹上了一层非常漂亮的石状外衣。有了这层外衣，这些东西看上去如同雕刻家在石头上刻出来的一样。

　　有些喷泉喷出的水具有药物的特性。其中，铁质泉、气体喷泉和硫黄泉是最有名的。铁质泉溶解后，里面包含有类似墨水味儿的铁。要是把一些五倍子扔进里面，立刻就会变黑。比利时的斯帕、巴黎附近的森尼因弗瑞尔斯的福吉斯都有类似的铁质泉。气体喷泉能够喷出带有轻微酸味的碳酸气体，还会冒泡，就像苹果酒或其他白酒那样。在法国和德国，都有类似的气体喷泉。最后，硫黄泉就是指在它的溶解水里有硫黄混合物。这种有臭鸡蛋气味的硫黄会把银变黑。

温泉是指那些泉的水是温的或热的，位置不同，泉水的温度也不同，有些泉水的温度甚至达到了水的沸点，即100℃。你们已经知道地球内部的热量是温泉热度的来源。大多数温泉也是矿泉，即它们的溶解质包含各种各样的矿物质。

第二十二章　大　海

　　大海！一听到这个词，就会让人想起又白又漂亮的珍珠贝壳，海浪的声音，以及潮水拍打着的被海草缠绕的海岸。也许，还会想起辽阔无边的海面，今天像天空一样蓝，像镜子一样平静，明天却黑得可怕，而且还有此起彼伏的巨浪，没过多久又拍打着悬崖，溅起冒着白色泡沫的浪花。或者无法产生任何联想，因为你根本没有见过海。那么，让我把我所知道的和看到的告诉你吧。

　　地球上海洋的总面积是陆地总面积的三倍。经过对很多地方的探测，人们发现海底和陆地一样，都是非常不均匀的。有的部分被深处的沟壑切碎，这些沟壑在很深的铅垂无法到达的地方；有的部分被山脉环绕，这些山脉的顶峰位于海平面之上，于是形成了岛屿；还有的地方是面积广阔的平原或辽阔的高原。如果去掉覆盖在海洋上面的水，那它跟无限延伸的干地就完全一样了，在地下力量的作用下，这片干地上会自然而然地形成峡谷，上面堆砌着一座座的山脉。虽然大海是浩瀚无边的，但是与巨大的地球相比，也只是一个小泥潭。海底在地球内部之火的作用下形成的褶皱，并不会比地面上形成的少。现在的陆地以前也是海底的一小部分。地球外壳的运动使得陆地突起，露出水面，但是这些运动也可能会把它们推回最初的地方，然后从其他地方再升起一块新的陆地。所以，海底的不均匀和陆地一样，不同地方、不同深度的海底肯定会存在很大差异，相对应海底的变化，峡谷、山脉、高原和平原也都不完全相同。

为了进行测量，我们在一根很长的绳子上系一个铅球，再把它扔进水里。被展开的绳子的长度代表的就是铅球到达的深度。地中海最深的地方好像是在希腊和非洲之间，扔进去的铅垂绳子已经有四五千米长了，却还没到达底部。在大西洋，有的地方比这还深。纽芬兰的南边的大浅滩深8千米。而在陆地面积非常小的南极，海都特别深，有些地方的深度甚至达到了14000～15000千米。在这些海中央深海处形成的海浪，涌动着拍打着海岸的沙滩，所有中等深度的海都能在这里找到，根据海底的特性，有些是陡变的，有些是非常浅的。有时突然之间海岸不远处的海就会变得很深；而有时海岸不远处的海还非常浅，所以想到达差不多深的地方需要走很远。在那种情况下，海底几乎没有什么陡坡，就像一个不会在水面下消失的平原。

海洋的平均深度为6～7千米：如果海洋的底部是平的，那么在保持表面面积不变的情况下，海水的厚度就得有6～7千米。这样，就能大致算出海水的水量，即约为3000万平方米。为了让你们更清楚地认识这一数字，我们把它翻译成文字。假设排掉所有的海水，假设有这样一条不会干涸的大川，让它向一个能容纳所有海水的大盆地里注水，直到将其注满。要是你觉得可以的话，我们就假设这条河是法国最大的河流——罗纳河。在里昂，罗纳河每秒的流量是600平方米，有时能够增加到4000平方米乃至更多。让我们将其定为每秒5000平方米，假设这条河流之王，每分每秒都在以最大的流量流动，永不停息，那么，20年后注入海盆里的水也就只相当于现在海洋里的水的千分之一。要是你看过罗纳河，你就能想象出海洋有多么浩瀚了。现在，我必须收回刚刚说的话，谁都无法想象所有的海洋集合在一起会有多么庞大。谁会认为自己能够把那惊人的巨大的水体抓住？就算可以，也只不过是创造者无穷资源中的一滴。

海平面会发生改变吗？它会下降或上升吗？总是听说如果它退下去，就会出现新陆地，或者会将陆地吞没。某一天，海水真的会退去，然后又在第二天涨上来吗？不会的。

根据静水力学的基本定律，我们知道水位都是统一的。无论它延伸到多远的地方，水体表面的任何地方都不会永远在平均水位下面；只要存在平衡，这样的情况就不会出现，由于水具有流动性，它会自然而然地回到原来的水位。只有水量的增加或减少才会给水位的高低带来影响。不过要注意，这种下降和上升是受到一定的条件限制的，而不是自然发生的。如果水位发生变化，而水量不变，那肯定是底部或墙壁发生了变形，盆地的总容量依然没有发生变化。

自从有历史记载以来，海水水位从未变过的地方有成千上万个。地理书上写到，很久以前，这样那样的岩石、暗礁总是刚好被海水没过。现在还是没变。这种自然的测量水位的方式告诉我们，海水的总量至少已经有1400年都几乎没有发生改变了。这个不争的事实是经过时代印证的。"他"

用腰带把海洋围起来，环绕地球一周，然后数了数海洋里的每一滴水，一滴也不多，一滴也不少。

如果海盆和陆地形成后没有发生变化，应该就能发现任何地方的水位都跟第一次看到的和记录下的相同。但是海盆和海洋都经历了非常大的变化，海洋和陆地的分界线也已经发生了移动。海水退去的地方，就会有很大一片海岸露出来，过不了多久，植物就会长满这个新形成的海岸。而海水涨起来的地方，则会淹没大片土地，包括森林、建筑和粮食。

不过表面现象总是带有一定的欺骗性。用证据对其加以证明，往往会得出与感觉相反的结论。从表面上看，太空中的地球是静止的，而事实告诉我们它一直在不停地动。从表面上看，海洋里的水起起伏伏的总是在变化，有时一下子就能淹没一个城镇，然后又退回去；但事实告诉我们，海洋的总体水位并没有发生变化。而人们又错认为陆地是固定不变的，实际上它是非常不稳定的。这些地球外壳上的固体物质的变化都源于海洋的流动。海水的水位并没有改变，但是装载它的容器变了，从而使水位出现了明显的变化。回想一下，我刚刚提到的有关这个话题的例子——在这个时代里，智利陆地面积的扩大以及瑞典海岸的缓慢上升。

岩石海岸是固定的，而对它进行冲刷的海洋是变化的，这两个概念都不对。自水和土地形成以来，虽然海浪到处翻滚，但是它的水位从未发生过改变；而所谓的陆地，却会下降，会上升，也会发生破裂，等等。

海水中的物质在溶解后会释放出非常难闻的气味，同时产生各种各样的物质，使得海水无法成为生活用水。这些物质中盐是最多的，它可以起到防止水里丰富的植物和动物腐烂的作用，更不用说河流带进去的脏物了，对陆地而言，这些净化机制非常重要。海水的盐度有很大差异，尤其是淡水河流与水蒸发特别快的地方。里海的1升水中大约含6克盐，黑海的1升水中大约含18克，大西洋的1升水中大约含32克，地中海的1升水中大约含44克。死海是一个特例，它的1升水中含400克盐。溶解在海水中的盐对航海有非常大的帮助：它能够使海水变重，从而增加海水的承受力。人可以在死海上漂浮。

尽量对海洋和咸水湖中盐的总量进行估算，其结果十分值得我们关注。如果晒干所有的海洋和咸水湖，那么留下的盐至少能堆起一座高度为1500米的山，它的底部与整个北美的面积相同；或者，换成其他的术语，如果在整个地球的表面洒满这些盐，那么它的厚度将会达到10米。

水量太少的话是无法看出它的颜色的，不过要是将大量的水聚集在一起，它们就会呈现蓝绿色。因此，海的颜色是蓝中带点绿的，而且海洋中部的颜色与海岸附近的相比要深一些。不过这个颜色会根据水表状态的不同而变得不同，这里指的是光的照射和天空的透明度。在太阳的照射下，平静的海面是天蓝色或靛蓝色的；要是有暴风雨，就会是深绿色的，并逐渐变成黑色的。古老的海洋还有别的颜色，不过这只是局部的，比如，有颜色的微生物、沙、微小藻类在海底形成非常厚的一层。由于红海里面紫色的微小藻类很多，所以它的某个部分会呈现出血色。由于红色微生物的存在，加利福尼亚附近的海洋的某个部分呈现出血红色。

有的微生物会把海染红，还有的微生物会让海发光。夏天的晚上，我们非常熟悉的萤火虫会在草丛里发光，如同天上的星星掉下来的星火。尽管这种昆虫本身有亮光，可是它并不会如同红炭一般燃烧，不管它亮不亮，温度都不会变。而且，它能够自由选择要不要亮。我们把动物本身发出的这种光称为磷光，不过这与磷完全没有关系，在它们的身体里是找不到磷的，之所以这样称呼这种光是因为它与磷在黑暗中燃烧时发出的光很像。海水，尤其是热带地区的海水中，各种各样的磷光微生物非常多，其中最值得关注的就是夜光虫（如果比较书面一点的说，就是夜间发光物）和火体虫。夜光虫是一种非常小的透明的果冻状的小颗粒，尾部是会动的丝。5只夜光虫接在一起，也只有1毫米长。空心圆柱状的火体虫，大小跟手指差不多，也是透明的果冻状的。对于由无数的这种磷光微生物形成的火湖，旅行家是怎样描述的呢？现在，我们就一起听一听。

有个地方的整片海面都在发光，而且它的海浪看上去与金属溶液非常像。船只在穿过这片海洋时，船头破浪处会喷出红色和蓝色的火苗。有人觉得这是因硫黄燃烧产生的。从海面飞上来无数非常绚烂的星火，在它面前，真的烟火也会黯然失色。在海浪中，随处可见发光的夜光虫云朵和彩带。在其他深海处有大量的火体虫，它们围成了一个会发光的"花环"，看上去如同炽热的铁块铸成的花冠。就像从火炉里拿出的铁块，在冷却之后颜色会发生改变一样，这些火体虫也会改变颜色，从绚丽的白色，变成金色，红色，绿色，橙色，天蓝色，然后一下子又亮起来，甚至变得比之前还要亮。每隔一段时间，其中一个"花环"就会突然波动起来，如同蛇形烟花一样，折起来，再打开，盘起来，跳入海浪中。远处的海洋带着柔和的光，呈现出乳白色，仿佛夜光虫溶解在水中了。

只有在地球热带的温水水域，发光海的绚丽景观才能完全呈现出来，对于它，我们了解得还不够，截至目前，北面也只到法国的北海岸。你们要是有兴趣的话，可以阅读国利伐先生记录下来的他在布伦港口看到的情景。

平静的海面还是一片漆黑，不过一点点的骚乱导致了光芒的释放。扔到漆黑的海面的物体，出现了一点点光，而以它为中心形成的波纹是许多光环，在黑暗的背景下显得愈发明亮。扔进去一块拳头大小的石头也能产生同样的效果，溅起的水沫如同被锤子敲红热的铁喷出的火星一般。驶入港口的轮船，每动一次桨，都会将沉睡的夜光虫唤醒，那景色十分美丽。不过水面一恢复平静，一切就又变回一片漆黑了，只剩下那因涟漪而残留在海岸的一片夜光虫。

滚向海岸的银白色巨浪看上去像点缀了无数小星星，而且浪尖还带点蓝色。在对同等水平的沙滩进行破坏时，它们横扫一大片，然后这整片空间如同披上一件又闪又亮的外衣，还有数不清的亮绿色、亮蓝色或亮白色的火花在上面。等海水退去后，沙滩就又变得一片漆黑了。不过，一旦稍微有一丁点儿的动作，比如观察者的踏入，就会使它变得特别亮，就像在燃烧一样。脚上的小石子接触到沙滩，就会呈现出如同烧红的煤的样子。棍子迅速在水面上划过，也会在后面留下白色的沟。将手伸进海里，再拿出来，手就会发光，仿佛与夜光虫发生了摩擦一般。从海里随意汲水，从某个高度倒下，看上去就像银河一样。我将一杯这样的海水倒在了一只对着我的脚跟喊叫的狗身上，它立刻就逃跑了，因为它以为那是火的洗礼，从那之后，它就在离我很远的地方十分满意地对着我叫。

根据这位著名的观测者得出的结论，海的磷光都是由夜光虫产生的，每滴水中都含有上百个这样活泼的小颗粒。那么面积这么大的一片发光海域，究竟会有多少夜光虫呢？这是一个无法用算术回答的问题，因为其数量是难以计数的。除了海浪会燃烧的奇迹之外，还有另外一个奇迹也是值得我们深思的——几天内它们就能产出数不清的夜光虫，这股力量太不可思议了。这股力量，就是这些微小生物的无限繁殖力。

第二十三章　珊瑚岛

　　碳酸石灰岩——石灰岩是史前大海底部形成的岩石中最值得注意的。如同花岗岩是地下之火的产物一样，石灰岩是海水的产物。如今，无论爬到山上多高的地方，或者进入到地球底部多深的地方，都能找到在石灰岩上嵌着的多得数不清的化石。很多情况下，那些曾经有生命的东西都形成了大理石。几乎每块石头上都有动物生活留下的印记，我们的建筑石材不过是上面有壳类动物和破碎的珊瑚堆积的停尸房。

　　数量巨大的小型动物对这些史前时代的地下坟墓做出了最大的贡献。很小的壳类动物、与扁豆形状相似的货币虫组成了埃及金字塔的建筑石材，小颗粒贝壳、直径不足毫米的米虫团聚而成的岩石组成了巴黎建筑石材的大部分。什么都不如这些小生物能够获得如此巨大的能量更让人感到震惊。而这个"获得"的过程，花了好几百年。

　　我们正在研究的在史前时代的海洋中存在的这种微生物，实际上如同一个石灰岩工厂。这么小的生物却做出了无限大的贡献。它的尸体遗留到未来时代，给我们地球的骨架加入了石灰，这些存在于生物尸体里的石灰，是喜马拉雅山和安第斯山底部的一点点水泥。这些谦卑的永不停息的建设者，这些大气的清洁剂，凝固了下雨时从空气中释放出来的碳酸气体，然后在这些凝固的气体里加入了海里溶解产生的石灰；因此在石灰层里面是介壳灰岩。因为它们无限繁殖，所以数量十分庞大，最终建立起了我们如今地面的地层。这些谦卑的工匠的确能将石灰岩从它们皮肤上的气孔排出来，然后用这些石灰岩建出陆地上的建筑，为了对这一浩大的工程进行了解，让我们来看看现在海洋里的水发生了什么变化。

现在，大气中所含的碳酸气体只有一点点了，估计也就是两千分之一，这就是说，在2000升空气中碳酸气体只占1升。虽然可能会有许多原因引起它的含量上升，主要是动物呼吸作用、有机物的分解和燃烧、火山爆发、气体喷泉，但是这个比例是不会改变的。仅仅是由人类呼吸产生的碳酸气体的数量就十分巨大了。据估算，这个数量每年为1600亿立方米，即每年由人类呼吸产生的二氧化碳就有862.7亿千克。

分解，也就是有机物的分解，产生的碳酸气体的数量也让人感到十分震惊。还有，必须算上煤炭、木头、油和其他燃料的燃烧，尤其是各种制造业。在欧洲，每年仅石油的燃烧产生的碳酸气体就有800亿立方米。不仅如此，含有这种气体的喷泉在溶解时也会向大气中释放气体，火山喷发时，包含这种气体的大岩浆柱偶尔的爆发会产生比之前更多的气体。如此多的气体释放到大气中，为什么大气中的碳酸气体含量却能保持不变呢？不断地吸收这种气体的大气层为什么最后不会变得不适宜呼吸呢？

第一，植物吸收了很大一部分碳酸气体，它们能把碳酸气体分解为元素，然后只吸收里面的碳元素，将可以用来呼吸的氧元素释放出来。很简单，如果植物总体上的活力保持不变，那么活动在植物界的碳酸气体就可以组成急流，这股急流再回到自己的来处，然后接连不断地为自己提供生产的条件。实际上，植物间接或直接地支持了自然的进化过程和动物的呼吸，植物界尽量产生更多的碳酸气体，以供诞生的新植物使用，然后替代老植物。所以，如果在动物界和植物界的支持下，动物的呼吸作用和分解作用总是能够持续下去。新植物产生时，会尽量吸收大气中的二氧化碳，那么世界上的生物就会一直循环下去，昨天舍弃的会被今天收回。为有机物的新生提供原料的是有机物的分解，而且出生与死亡永远都是处于平衡状态的，后者为前者提供营养物。

但是，对植物在维持大气中存在物质的重要作用进行了全面了解后，还要算上火山和气体喷泉释放出来的数量十分惊人的气体，要是这么多的气体一直留在大气层里，那么早晚有一天大气会变成毒药，让呼吸者全部殒命。那么，肯定还有其他能够保持大气纯度的机制，对从地球底部释放出来的不适宜呼吸的气体在大气中的聚集进行阻止。这个机制就是大海里的微生物。这些微生物会裹上一层石灰岩，然后把它变成固体。它们就这样吸取大气中过量的碳酸，然后将其变成石头，这样一来，碳酸就无法很快回到大气层中去了。这种微生物在海洋里有很多，它们都藏在石壳里，这些石壳大约有一半都是由被雨水和流水从大气层冲刷下来的碳酸组成的；而且这些矿物质外壳还能将藏在大陆底部的有用气体永远留住。

这些小工匠致力于净化大气和建立新陆地，其中最重要的成员是软体动物和珊瑚虫。软体动物，就是你们非常熟悉的，壳类动物是它的另一个名字。不要让这个名字欺骗了你，错以为它是一种鱼。因为许许多多的软体动物都在水中生活，所以才会叫这个名字。这个名字中的第一个字是"壳"，这表明软体动物的外壳如同贝壳一样，本身内部的东西会从这个壳出来，按照字面意思理解就是，石灰会从它皮肤上的孔里出来。

为了让你更清楚地了解软体动物的壳是怎样形成的，我们来稍微讲一下蜗牛，虽然蜗牛生活在陆地上，但它也是一种软体动物。蜗牛住的壳不是像我们搬家那样，搬进别人的房子，也不是已经做好的。从严格意义上讲，蜗牛是它住所真正的主人，也就是说，蜗牛不仅是它的外壳的设计师和建造者，还是外壳原材料的生产者。这些原材料是构成它身体的一部分，一开始在它的血液里就有"建筑石材"和"灰泥"，然后它们会从血管中流出来。需要注意的是，和其他软体动物一样，蜗牛也是有动脉、心脏和进行血液循环的血管的，只是它的血液是没有颜色的。那么，毫无疑问，这个长在它身体外面的住所就是它自己的财产。

你想参观一下装有这些可以使外壳扩大的原料的仓库吗？那简直太简单了：碰一下蜗牛，它就会缩进壳里，这时你就能在开口的周围看见布满白色斑点的肉状的东西，每一个都是一点点的石灰岩，它们就是筑壳所需的原材料。在需要时这种石头会尽可能快地出来，然后在外壳的边缘增长，因此蜗牛壳的边缘就会变得越来越长，越来越宽，一层一层不断更新。

不过这些石灰岩是从哪儿来的呢？它来自生物的食物，其中包含了石灰的混合物，即石灰岩，如同母鸡因吃进谷物而形成了鸡蛋壳一样。如果母鸡吃进去的是经过挑选和清洗的谷物，同时确保禽舍里不存在石灰的混合物，那么它们下的蛋就不会有鸡蛋壳，或者只有一层薄薄的膜作为外壳。同样，如果去除蜗牛食物中的石灰岩，那么就会在它凝结黏液的外面形成一层十分脆弱的透明外壳。

跟陆地上的蜗牛一样，海洋软体动物的外壳也是这样形成的：它们为了建外壳，也会分泌石头。不过，前提是海洋必须给它们提供石灰岩，或者至少要提供包含石灰或碳酸的东西。碳酸是非常充足的，因为火山和其他方式释放出来的这种气体会大量地在大气中聚集，然后被雨水或河流冲刷下来带到海洋。溪流在溶解时也会产生碳酸。石灰岩也是非常充足的，就算海水中没有游离态的石灰岩，还有由石灰岩组成的物质。比如，地中海的1升水中含盐分的残渣有44克，其中钙的氯化物有6克；含石灰的硫酸盐有1.5克；石灰混合物有114克。我们也看到了，淡水在溶解时也会产生石灰，而且要是产生的量够多，就会在物体表面形成一层水垢。所以，每条溪流都多多少少为海洋提供了石灰岩，更何况海洋本身也肯定含有石灰岩，无论是石灰混合物还是组成石灰的元素，我们都无法把它们的比例算出来。软体虫和珊瑚虫给自己披上了石头外壳，而且由于形成外壳和珊瑚的原料就是生物本身，所以是取之不尽的。

现在让我们来看看最奇怪的岛屿建设者。尽管你们对这些奇怪的小生物可能还不是很了解，它们特别的脆弱，甚至只要轻轻碰一下，就可能会让它们死掉，但是它们又如此强壮，毫不畏惧建设大岛屿的任务。对此，我将在下文详细地讲一讲。

至少你们知道珊瑚与僵化的血滴相似，是一种用来做项链和手链的珠子。珊瑚在被做成珠子之前，形状如同一棵很小的红树，如图22，有树干、树梢和树枝。虽然它的样子与树很像，还在海底开满了花，但是它并不是植物；它硬得就像石头一样，但是它也不是矿物质；而且，它也不属于动物。那么它到底是什么呢？它是在某种社区生活的脆弱小生物的房子，是一个互相依存的城市，或者可以说是一个小小的国家。

这些小生物有着最简单的有机物或者身体构造。想象一下，一个胶状的空心的物质球，一个囊的出口在有八个如同花朵的花瓣一样展开的扇形角的边缘。这就是你们非常熟悉的珊瑚的房子。可以用触角捕捉由流动的海水带来的小猎物，这就是手和手臂存在的目的。我们将它们包围的那个口称为小动物的嘴，可以将被抓住

图22

的猎物吞食进去；它附近的囊则用来对吞食的东西进行消化，消化完之后……我们不会再接着往下讲了——它的开口就只有一个。

这些奇怪的生物被人们称为珊瑚虫，而且它们的住所——珊瑚跟它们一样奇怪。住在同一个珊瑚里的珊瑚虫多到数以千计，每只珊瑚虫都占据了一个独特的洞穴，这些洞穴是陷在普通住所的外部的。每只珊瑚虫在保持个体独立的同时，也很熟悉群里的其他珊瑚虫。一系列的管道连接起了

这个社区的所有胃，所以不管哪一只珊瑚虫消化，都能为其他的珊瑚虫提供养料。它们具有灌木丛形态的住所会如同许多小花一样展开，然后将流动的海水中携带的有营养的物质抓住。不过机会并非均等的：有些珊瑚虫也许会抓住非常好的物质，有些珊瑚虫则关掉它的八个触角上的窝。无论怎样，一天结束后，不管是那些抓到好的物质的，还是没有抓到任何东西的珊瑚虫都能得到食物。

图23

胃与胃之间又是怎样保持相通的呢？是这样的：每只珊瑚虫栖息的场所在最开始都是简单的珊瑚虫，它们在水中四处徘徊，直到在海底的某块岩石上定居下来，在那里找到一个和它们混在一起的群体。它也可以发芽、繁殖，如同其他植物那样。因此，除了第一只珊瑚虫外，又有新的珊瑚虫形成，也可以算是一种分支或延长吧，这样它的胃就和母体的胃连在一起了，如同树干和树枝间的关系，这就是它发展的必然结果。就这样，以同样的方式形成了第二只、第三只……它们的孩子也会生出孩子，它们在一定时间内也会成为父母，不过这并不会使它们之间建立起来的胃的相通关系受到破坏。至于由整个社区的分泌物建立起来的珊瑚虫的住所——这个部落共同的家，如同蜗牛分泌出建造外壳的原料一样，是由珊瑚虫将石灰岩分泌出来后建成的。随着珊瑚虫数量的增加，它们的住所也会以相同的比例生长，每个新生的成员都为建造这个共同的家提供了原料。

通过这种传播方式，你很快就会知道珊瑚虫是怎样建立自己的住所的，以及它们是怎样繁殖的。不过这还算不上形成了新的社区，因为任何一个处于这些群体中的居住者一直与其他群体的居住者连在一起。珊瑚虫的住所通过发芽长得非常快，却始终无法形成一个新的群体。那难度太大了。不过，大自然会通过发芽将一个模仿植物生长的方式教给动物，有时他也会将其恢复成普通的繁殖方式，因此可能会就此展开比赛。珊瑚虫发芽到某个阶段就会停止，然后开始下蛋，海水再将这些蛋带到海底某处，然后形成珊瑚虫，也就是形成新社区的起点。

珊瑚虫的种类非常多，因而它们的住所也有很大差异。通常来说，它们的住所都是纯白色的，也就是石灰混合物的自然色；也有少部分是红色的，对，就是你们比较熟悉的那种颜色。没有比它们各种各样的形状更让我们大开眼界的东西了。有的是并排的管子的样子，如同管风琴一般；有的是石头灌木丛的样子，有着和真的灌木丛一样的生长方式；有的是细胞团的样子，如同蜂巢一样；有的是非常松散的囊状物的样子，如同肥皂泡沫一般；还有的如同一排暗礁，打在它们上面的海浪会溅起泡沫和浪花。在任何时刻，海浪的猛烈攻击都会带来将整个珊瑚岛吞噬的危险。虽然这个珊瑚岛很小而且位置很低，但是由于有了精力充沛的珊瑚虫的干预，它的抵抗力是非常顽强的。它们不仅参与斗争，还没日没夜地对处于危险之中的建筑物进行修复。它们用一点一点建起来的壁垒加固建筑物，加固的

图24 图25

速度与磨损的速度保持一致。这些小生物用自己软软的果冻般的身体抵挡海洋的猛烈攻击；用它们夜以继日建造出来的建筑物对抗海浪的侵蚀，这种侵蚀就连花岗岩墙都无法招架。

现在，如果你想对陆地上的珊瑚进行了解，可以打开世界地图，看看那些从南美洲南部到南亚、经过太平洋的群岛。这类群岛很多都是由珊瑚形成的，而那些来源不同的也至少会围着一圈珊瑚珠子。荷兰东印度的一个珊瑚岸的面积就达88平方千米。位于印度洋的马尔代夫群岛一共有

12000个由珊瑚构成的小岛、岛屿和暗礁，这些岛中周长最长的有2里格①。大洋洲约占地球陆地总面积的6%，其中很大一部分都是珊瑚虫的杰作。

　　与史前时代的水的贡献相比，这些世界建设者的贡献并不算少。某些山脉和陆地也是珊瑚虫的产物。法国内陆的某些地区有由老珊瑚形成的路。在写这本书时，我所在的城镇是由一种包含珊瑚残渣的石头建造的，就连最小块的石头也有珊瑚残渣；我所在的房子的墙里用的也是由珊瑚沙做成的灰泥。

①　里格是一种长度名称。它是陆地及海洋的古老的测量单位，在海洋中，1里格≈3.18海里≈5.556千米；在陆地上，1里格≈3英里≈4.827千米。

第二十四章　潮　汐

　　如果不去动盆里静止的液体，它就会永远静止下去。如果没有任何不安的机制打扰海水的平静，它就会一直保持静止，不过这种静止会造成海水腐烂。要使海水不致腐烂，它们就要不断地澎湃涌动，这样一来还会产生无数动物和植物所需的空气。所以海水的涌动，是造福世界最基本的条件，而大气层的运动同样也很有意思。与空气相比并不算少的海水需要猛烈的涌动，才能保持流动，从而保证卫生状况。现在，在大气、地球附近天体的引力和地球内部热量的影响下，海水正不断激荡着。

　　大气层的骚乱使海平面被触怒，引发了海水的运动。突然袭来的暴风，会使海浪之间发生相互撞击，溅起浪花和泡沫；要是暴风够强、持续时间够久的话，就会掀起一个又一个十分有规律地向海岸平行移动的巨浪，最后这些巨浪都会拍在沙滩上。不过这些骚乱只会对海面造成影响，就算是在最强暴风袭来的时候，海水表面30米以下的地方也还是静止的。在距离海岸不远的地方，最大的海浪也不足3米。不过南面的海的某些部分，比如好望角和合恩角周围，在最强暴风袭来时，海浪的高度能达到10～12米。这些海浪如同垂直移动的小山，在两个海浪之间会形成又深又宽的间隔。它们的浪尖在风的打击下，会溅起浪花和泡沫，最后在一个连最坚固的容器都能破坏掉的可怕力量的作用下倒塌。

海浪打到岩石上的冲击力简直大得令人难以想象。打在暴露的崎岖海岸上面的巨浪，甚至能够使地球产生震动，摧毁最坚固的堤坝和防浪堤，然后将其冲走，把巨大的石头撒到各处，让它们如同小石子一般滚来滚去。就是在海水不断的作用下，才会出现沿着海岸分布的竖直的峭壁或者悬崖。在英国和法国共有的英吉利海峡的海岸到处都能看到这种峭壁。这些不断地遭受海浪破坏的悬崖，经常会有碎片掉进水里，然后在水里滚来滚去，最终变成了小石子。这种小石子占据了海洋中越来越多的地方。历史告诉我们，由于受到海水的破坏，轻的房屋、住宅区、塔乃至小村，都不得不被遗弃，现在它们已经被深深地埋在海浪下面了。

海洋在海岸的其他部分为陆地带来了新的物质，大量的沙被海水冲上岸，然后被风堆积在一起，形成又矮又长的小山，也就是沙丘。这样的沙丘在法国加莱海峡的海岸有很多，从布伦的海岸一直延伸；位于南特附近的布列塔尼也有；从波尔多到比利牛斯山的兰德斯海岸的沙丘长240千米。光是兰德斯的沙丘的面积就达75000亩。

这些沙丘呈现的景色是多么单一啊！从其中一座深度只及膝盖的沙丘顶上看，却叫人眼前一亮：淡黄色的地平线延伸到很远的地方，覆盖着并不均匀的地面，圆圆的小沙丘随处可见。在白得发光的小沙丘之间站着，会让人感到迷失，横扫它们顶部的风，把细沙吹向天空，这很像海浪受到暴风的打击时产生的结果。跟海一样，我们把它看作单一的起伏的巨浪，区别在于：这里的浪是不动的沙。什么都不能将这种死一般的寂静打破，除非有时上方经过的海鸟发出了嘶嘶声，或者十分规律的海浪超过了沙丘的最远线。

这就预示着：这些鲁莽的探险者会在暴风的天气跑进这些荒野地带，然后风会把沙子向上吹到密云里。如同水柱一般的风沙柱对暴风的威力进行了证实，空气中到处都有沙子在飘。一旦暴风停息，周围的区域也会发生改变：之前是山谷的地方现在变成了小山，之前是小山的地方现在则变成了山谷。

每次暴风袭来，都会使沙丘向内陆移一点点。来自海上的风把小沙丘吹进洼地里，洼地就成了小沙丘，这样不停交换，最重要的沙丘落在陆地上。同时，海岸处已经被大海堆积了提供给另一座沙丘的新鲜物质，将原本已经形成的取代了。沙丘以这样的方式慢慢地向不均匀的陆地侵入，然后将一层层厚厚的草木不生的沙层盖在它上面。没有任何东西可以用来对水、风和沙的持续活动进行检测。如果沙子也入侵了森林，就会将其埋没，只剩最高点能被看到。沙子甚至还能吞噬整个村子，房屋、教堂和其他所有的东西都会被沙子覆盖。面对这样一个敌人时，应该怎样应对呢？这个敌人以无法抗拒的力量坚决前进，每年都能获得20米宽的耕地，但是这什么都不能代表，它既不是成熟的庄稼，也不是居住者，更不是美丽的森林。人类凭借自己的聪明才智已经找到了对这种掠夺加以控制的方法，而且非常简单——种植松树，在种植了松树的地方，沙丘就会立起来。

这种由风引起的海浪完全是偶然的，而且没有规则可循，就跟风本身的移动一样；除了这些，还有海浪本身周期性的规律运动，即潮汐。海岸上所有的海水会在一个固定的时间里从海滩退回去，使得之前被海水覆盖的很大一片地再度露出来。海水的这种运动就是退潮。过不了多久，海浪就会卷土重来，把沙滩盖住。海水的这种运动就是涨潮。退潮或涨潮运动每6小时会完成一次。也就是说，24小时内，退潮和涨潮运动会分别发生两次。

对于不熟悉潮汐的人来说，肯定会觉得它们非常神秘。无论是晴天还是暴风雨天，没有任何明显的原因，到了固定的时间，海浪就会停止对海岸的拍打，然后退回去，仿佛海底有个巨大的洞把海水都吸回去了一样。这种后退会止步于离高潮不远的地方，海滩的倾斜度决定了这一距离的长度。这时，在游泳或涉水之前，可以穿着鞋在上面走，也不用怕鞋子会被打湿。

亲爱的小读者们，对于你们而言这多有意思呀：在低潮时，可以穿过海滩，看看退潮之后留在海滩上的来自深海的宝藏，比如小鱼和其他小生物、漂亮的贝壳、杂乱的海草和光滑的白色小石子。不过千万别在这里徘徊太久，因为海水很快就会再次涨起来，白色海浪会不断涌上来，同时发出恐怖的声音。有些海岸的海水涨潮的速度就连最快的马都比不上。海水一涨上来，就会迅速覆盖小石子、岩石、沙子以及退潮时留下的每个东西，直到拍打在妨碍它进一步前行的暗礁上。

现在让我们来对涨潮和退潮进行解释。你们知道不同的天体之间都存在着引力，尤其是太阳对地球的引力，使地球向着它下落，而反过来地球对月球也有引力。你们应该还记得，在物体本身的重力和这个引力的作用下，小天体就会绕着大天体转，比如月球绕着地球转，地球绕着太阳转。引力的作用总是相互的，也就是说在大天体对小天体产生引力的同时，小天体也对大天体产生了引力，只是这个引力相比而言要小一些。地球吸引月球，月球也吸引地球，但是二者相比地球的引力更大，所以地球就能控制它的卫星，不过必须承认卫星也会对地球产生引力。如果抓住一根绳子两头的两个人，分别拉向相反的方向，想要将对方拽过中心处，那么当然是力气比较大的那个人会赢。不过力气小的那个人也在努力拉，他多多少少也能让对方发生一点移动。月球也是这样，在相互作用力的竞争中，它会向地球让步，然后绕着地球转。不过在让步的同时，月球也会对地球上的海洋产生影响，引起海洋的骚乱，这是因为与固体的东西相比，海水本身的流动性使它更容易失去平衡，继而发生移动。

为了理解得更加清楚，让我们想象一下完全被水覆盖的地球，考虑到随着距离的变大，引力会减小，让我们想象一下，月球的引力会对这片面积辽阔的海洋产生什么作用呢？在图26中，我们将月球表示为L，将地球表示为T，并用阴影部分表示海洋。现在，可以清楚地看到地球上受到月球引力作用最强的是A点，最弱的是B点，因为B点距离月球最远。所以，海水就会向A点流，在A点及其附近的地方海洋的整体水位就会上升。不过，并不是每个地方流向引力最强点的水都一样，你可以看到受到月球引力作用最弱的B点的水位比其他地方低，这是因为它向卫星对它的引力做出了让步。这样让步之后，海水就会上涨，与第一次截然相反。但是这两次涨潮必须对相应的水位的下降做出补偿。不过，水位下降最厉害的是C

点和 D 点，也就是 A、B 中间的两个点，在这两个点时，月球的引力介于
A、B 两点引力之间，既不是最大的也不是最小的。所以，引力作用于 A、
B 两点时就是涨潮，作用于 C、D 两点时就是退潮。

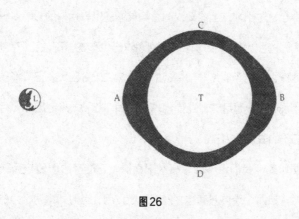

图 26

观察者站在 A 点时，月球就在他的头顶上。观察者站在 B 点时，它和
月球之间的距离就相当于多了地球的直径。最后，在 C、D 点，月球位于地
平线上，在其中一个点落下，在另一个点上升。位于月球正下方的海洋会
发生涨潮，同样，与它相对的地球另一边的海洋也会涨潮。月球位于地平
线上时，无论是东边还是西边，海水都会退潮。因为地球一直在不停地自
转，所以地球的各个部分都会相继在月球下面出现，或者说月球仿佛是在
自东向西绕着地球转，周期为 24 小时；而且发生涨潮的 A、B 两点，必然有
一个点离月球最近，一个点离月球最远，这遵循的是卫星的似动现象，即
月球自东向西绕着太阳转。当然 C、D 两点也一样。那么，你在 24 小时内
可以看到涨潮和退潮各出现了两次，每次涨潮或退潮之间间隔 6 小时。因
此我们发现了产生潮汐的原因：它是由天上伟大的时钟——月球控制的。

哪怕你对我刚刚所讲的内容还不是很清楚，但是你至少对太阳对地球的引力有印象吧，就是那个将光和热带给我们的巨大天体，你们肯定也在感到奇怪：这个巨大的天体，让地球绕着它进行周期运动的物体，我们行星系的中心，对于地球上的潮汐的影响难道还没有月球的影响多吗？毋庸置疑，太阳的引力确实会对地球上的潮汐产生影响，不过我们不要忘记，太阳与地球之间的距离是非常遥远的。虽然它十分巨大，但只能使地球上的海水上涨2米，而月球却能使地球上的海水上涨5米。因此，月球就成为影响潮汐的最主要因素。

即便如此，我们也不能忽略太阳潮汐，它的产生原因与月球潮汐相近。有时，是两个天体对海水共同产生了作用，有时如果两个力的方向相反，就只有一个能够起作用。如果太阳和月球位于地球的同一侧，它们就会共同起作用，而海水在这种共同作用下，极有可能会涨到最高点。当两个天体分别位于地球的两边时，也会出现类似的情况，因为，就像我们所看到的那样，位于地球两个相反的点上，即其中一个力不发生作用时，也会发生涨潮。因此，在合点时会发生最高的潮汐，三个天体此时无论相对位置怎样都位于同一直线上。这时的月球，要么是满月要么是新月。不过，如果太阳在地平线上，而月球在地球和太阳中间，太阳的引力就会引发退潮，同时月球的引力会产生截然相反的效果，在这两个不一致的引力作用下就会形成大低潮。当地球、太阳、月球的相对位置是这种情况时，我们就将其称为正交，这时的月球是上弦月或下弦月。

你们不能把潮汐想象成流动的小溪，发生在24小时之内的两次涨潮只是表面涌动，冲走了在涨潮过程中漂在表面的物体。其实，这两者是有很大不同的：大海肯定是在它所在的位置上升和下降，因此我们才说，当月球位于正上方时，内部的海水会涌起，之后又降下去。浪潮不会带着船一起走，与扔进去的石头引起的波浪带走稻草不一样。涨潮和退潮的一次交替，是自东向西发生在整片辽阔的海洋上的，要是地球被水完全覆盖了，那么每个地方发生的都一样。

不过陆地占地球表面的四分之一，这些障碍会给潮汐的自由运动造成很大的影响，从而使它们的运动发生改变。首先，位于海洋中间的陆地和岛屿会给前进的浪潮带来阻碍，所以潮汐到达最高点的时间就与月球位于正上方的时间不一致了。人们会发现潮汐落后于月球，随着陆地和水域的结构不同，潮汐落后的时间也不同。比如，在直布罗陀海峡，时间没有延迟；在洛里昂，时间延迟了3小时32分；在吉伦特派，时间延迟了3小时53分；在圣马罗，时间延迟了6小时10分；在瑟堡，时间延迟了8小时；在迪普耶，时间延迟了11小时；在敦刻尔克，时间延迟了12小时13分；而且时间的延迟是随着与英吉利海峡的距离的增加而增加的。我们将延迟的时间称为潮候时，对航海而言，在每一个港口，知道海水的潮候时都是极为重要的。如果已经确定了海岸某个地方的潮候时，就可以提前将涨潮和退潮的具体时间计算出来，计算的依据是月球的运行时间。

在外海虽然也会发生涨潮，但是非常少见。南部海岛的海水上涨不会超过半米。我们的图显示的潮汐是进行了夸张的，实际上，海水的涨潮达不到那么高，仅仅一点涨潮还会向很远的地方延伸，就算是高潮，也不会达到很高。在陆地附近，尤其是在狭窄的海峡，延迟时间内的潮汐会大量增加，因此与外海相比上升的高度也高一点。所以，在圣马罗，每天的情况都不一样，在涨潮时，海水的高度比平均水位高一米半，范围是6～7米，退潮时也会降下这么多，高潮和低潮之间的高度相差12～13米。除了英吉利海峡之外，法国海岸的潮汐也不会超过3米。

在离陆地较远的地方，高潮和低潮之间的高度差得不会太多，不过在陆地附近则与此截然相反。在海水上升时，它会迅速将稍微有点坡度的海滩淹没，而且会迅速退回去，只留下干的海滩。所以，潮汐有两个，一来一去，来时朝着海岸，去时朝着大海。

像里海这种被陆地包围的海和湖泊是不会发生潮汐的。回头看看图26，你会发现如果海水在A、B两点上升，那么它就会在C、D两点下降。与每一次的上涨相对应，在某个地方都会有相应的下降。海洋的水量基本上保持不变，如果在这个地方上升了，就肯定会在另一个地方下降，如果在这里失去了，就肯定会在那里得到。不过，海水在A点上涨，也就意味着A点是最高潮，相应地，海水在C点下落，也就意味着C点是最低潮，A点和C点之间的距离占地球周长的四分之一。因此，要想发生潮汐，水体的长度也要占地球周长的四分之一。这个条件任何内陆水体，甚至是里海，都无法满足。地中海也不能满足，它与大西洋之间的直布罗陀海峡太窄了，无法接纳外海形成的浪潮。因此，除了看得见的一点点波动之外，并没有形成潮汐。

潮汐上涨后在进入河流的出口时，会遇到阻碍。河流会停下来阻挡海浪的进入，然后被聚集在河流出口的沙、海水的推力扔回去。对于航海来说，淡水与海水发生争斗的海峡是非常危险的。在阿杜尔河的出口，总能看到一片混乱的海面。这里的海洋永不停歇，哪怕是在没有什么风浪的天气，甚至连一丝吹动海面的风都没有，海水还是会对河流进行制止，结果形成了半圆形的宽度很大的白色海浪。这个半圆就是阿杜尔出口的阻碍，也是河流与海洋的分界线。

潮汐的推动甚至能够导致河流逆流，使其流回水源处。我们将这种移动称为涌潮。法国的多尔多涅河和塞纳河的这种情况就十分明显。在进入吉伦特河后——吉伦特如同深渊一般的河口从波尔多延伸到大海——涨潮会对多尔多涅河的水域进行阻止，然后卷起3～4个很高的大海浪，使整个河道被填满。这些浪尖以极快的速度激荡着，发出巨响，并传到与出口处距离8里格远的地方。海浪在移动的过程中，甚至能够把树连根拔起，使堤坝遭受破坏，将船只淹没，把石头推到很远的地方。

南美洲的亚马孙河出现了最大的涌潮。当地人将其称为河口高潮。在这种大河流中，潮汐能够涌到200里格远的地方。河口高潮时海浪发出的雷鸣般的声音能够传遍半径2里格范围内。河口处的两股正在对抗的相向的势力，都对对方进行了正面攻击，使得邻近的海岸发生震动。水发出的声音能持续很长时间，而且能传到很远的地方，根据这种声音，水手和渔民就会加速寻找安全的地方。过不了多久，从河岸的一边到另一边，涌潮和海的宽度一样，会上推起比平均水位高出4～5米的海浪。两个海浪之间只有非常短的距离。这是被打败的河水正在流回水源处。这些浪的速度特别快，将前进过程中遇到的所以事物都推翻了。可以看到小石子在浪头的表面打转，像许多软木塞一样被海浪冲走。河口高潮之后，紧接着河岸就被海浪冲刷得只剩下光秃秃的岩石了。

除了由月球引力和风引起的波动之外，海洋还会进行其他运动，而引起这些运动的主要原因就是地球表面热量的分布不均匀。当流体的不同地方温度不相同时，它就会倾向于将热量均分，即形成一个热力循环，寒流会流向暖流，暖流会流向寒流，直到整个流体的温度处处相同。不过，要是出于某些原因无法使温度均等，这个循环就会一直持续下去。所以，赤道的温热海洋就会不断地与极地的冰冷水域进行交换。从热带出发的洋流带着在它们的水域储藏的温热，流向地球的两极，同时也有来自两极的洋流到了热带温度升高后，又向它们的起点流回去了。

现在，对我们而言，在所有可以保持海水干净、让海洋不断激起浪头的大洋流中，位于大西洋的墨西哥湾暖流是最重要的一个，它从墨西哥湾出发，流向东北方向。它是位于海洋中部的暖流，河岸和底部是冷水域。密西西比河和亚马孙河的流量加起来还不如它的千分之一多，而且储存在它的水域里的热量能够把铁山融化。由于受到太阳的暴晒和地球内部热量的影响，墨西哥海湾变成了一个巨大的热水壶。它的河岸和岛屿附近都是火山口，由于海湾底部有地下火存在，因此这些火山经常爆发。

对墨西哥湾暖流热量的来源进行了解释，于是我们知道了，它在向寒冷地区流动时，会将这些热量带过去，就算到了终点，它剩余的热量还足以将北极附近的一部分大冰块融化掉。墨西哥湾暖流最远能够到达纽芬兰河岸，有一部分水体在这里会猛跌下去，沿着海底流向极点，同时剩下的那部分水体会接着在表面向西流动。一部分暖流大约会在亚速尔群岛相应纬度的地方分流，然后等绕过了非洲海岸，又会重新并入墨西哥湾暖流，剩下的向西流动的会对爱尔兰、法国、挪威、英国的海岸进行冲刷，最后在北角猛跌进极地冰下，再也找不到踪影。

墨西哥湾暖流在起点处有14里格宽，深度约为300米。开始时，它移动的速度为2里格每小时，不过这个速度会越变越慢。与海洋其他部分绿色的海水比起来，这里靛蓝色的海水显得十分突出。这股奇怪的洋流从其海岸范围内温度较低的水域流过，并没有在亚速尔群岛处与绿色的海水混在一起。当它的宽度向前扩大时，温暖的水域就会传播出去，使得欧洲北部的气候变得温和。

如果不是这股洋流从南部将热量带过来，冬天，我们的海峡、爱尔兰、英国和挪威的气候都会非常冷。用温度计测量的结果显示，这股来自墨西哥湾的暖流带来的热量是非常高的，因为要是把温度计放在这股暖流里，它的海底的温度差就是12℃～17℃；在温度为零下的高纬度的地区，这股暖流的温度是26℃。

墨西哥湾暖流不仅将温暖带到了寒冷的北部，还带来了燃料。路易斯安那州和佛罗里达州的海岸被冲走的树干，会随着这股暖流向北、向东漂移，然后到达北角的爱尔兰的沙滩和斯匹次卑尔根岛。在这些阴暗地区生活的居民就会用这些漂过来的木头生火取暖。在洋流的带动下，木头、竹子片、松树树干不停地向亚速尔群岛移动，为证实哥伦布的确发现了美洲大陆提供了非常好的证据。

从在亚速尔群岛相应纬度处发生分流之后，到重新进入墨西哥湾之前，墨西哥湾暖流是沿着非洲海岸流动的，与在地中海中所占的面积相比，它在大西洋中所占的面积更大。刚刚描述的洋流包围了这个巨大的盆地，聚集的海洋植物通过繁殖形成了漂浮的田地，把妨碍船只前进的墙壁弄得非常混乱。第一位前往大西洋的探险家——哥伦布果断冒险进入了这个奇怪的海洋植物区。第一次看到这一切时，哥伦布也被震住了，对他来说这是非常新奇的，虽然他士气低落的同伴对他进行了劝阻，但他还是无法抵挡诱惑，最终闯入了这片阴险的海。就在这里，他的船只被卷入了漂浮的海草网里。

第二十五章　　极　　地

　　地球南、北两端都是非常寒冷的，一般来说，水在那里都是以固态存在的，形成了十分坚固的冰地，那里的大块冰石、冰山以及冰岛都和花岗岩的石头、山脉、岛屿的大小一样。大海很深的地方都结了冰，其表面硬如岩石，与四周延伸的陆地紧紧地连在一起，因此整个地区形成了一片冰雪陆地，它的面积会随着季节的变化而扩大或缩小，但是不会彻底融化。在本书的最后一章，让我们来讲一下这些极地区域的特别之处吧，就从一半是岩石一半是冰的北极圈开始吧，因为我们对它比较熟悉。

　　航海家们在夏天进入北极圈海域，首先遇到的就是与极地冰团分离的大块冰山，它们在洋流的带动下向南移动。这些冰山的形状多种多样——被铲掉的塔、被破坏的城堡、高高的石柱、开了窗口的墙、宏伟的方尖塔、美丽的尖塔。有时，冰山像一座小山，两边都是斜坡；或者一座山的大块碎片；或者锯齿状的火山口；或者有陡峭悬崖的海角；或者有悬崖的小岛；或者像人工建造的圆屋顶或穹顶；或者是建造粗糙的有很多拱门的桥，不牢固的楔石奇迹般地稳稳地待在它们的位置上。这些冰山形成的绚丽建筑常常会超乎人类的想象，也会形成洞穴的形状，成为某种海怪的栖身之所。

到目前为止，我见过的最大的冰山高50米，长3000米，深入海底200米。人们经常会在漂浮的冰岛上看到熊正对着不知名的海岸吼叫。坐在太空船上的人还能看到下面这一幕：极地怪兽在海里觅食。海角处，冰山里嵌着从海岸挣脱出来的岩石碎片，这是更加不寻常的情况。

漂浮的冰都是因为海面上冰的破裂，这一点是确凿无疑的，当然，也可能是远处内陆冰山发生破裂后漂到这里来的。在我们这里，当海拔在1000米以上的地区的冰融化时，冰川就会停止前进。不过，在极地，它们仍会按照开始的路线向海平面靠近。比如，在格陵兰岛就有一些冰河，它们比阿尔卑斯山还大。这样的河流速缓慢，始终保持着固体形态，一点点前进。它们会把水铸成冰山，而不是将其注入海里。固态的河带着岩石、冰碛石、石头和小石子一起前进，整块移向海洋。有时，前进的冰川的一端会在海的上方悬着。不过用不了多长时间，它就会发出一阵巨响，巨响回荡在空中，导致海面发生震动。那是因为海浪侵蚀了冰川的末尾，致使其破裂，失去支撑的它便掉进了水里。掉进去之后，它就会形成巨大的海浪，海浪向四周扩散，宣告着冰山船能够使海洋变得更大。

当极地海洋结成的冰非常厚时，冰块会向整个海岸扩张，进入每个入口和海湾。一旦这块冰破裂了，任何一块很大的冰碎片都会将嵌入冰体的石头和岩石带走。早晚有一天，它们会漂到南部远方温暖的水域里彻底融化，然后它们当中的矿物质就会沉到海底。

有时，冰山会在海面上分散漂浮，有时，却是完整的一片。这种景观是最奇怪的：就像海浪上有一些由雪花石膏、水晶和大理石做成的巨人正在翩翩起舞。它们也会遇到很大的危险。这些超巨型的东西在起舞时，有时会相互接近，然后又分开，它们可能会由于海浪的推动而撞在一起，发生磨损，最后彻底被打碎。当两座冰山相撞，夹在它们中间的船只就危险了，因为它们会如同老虎钳夹碎鸡蛋壳一般，将船只夹得粉碎。

航海家斯科尔比曾经多次去过极地，他讲过，仅一个夏天就有30条船因为这个原因消失。他目睹两座冰山夹碎了一条船，只剩下船的主桅尖。还有一条船被一座冰山撞翻了，另外两条船则被尖尖的冰山刺穿了。不过对于航海家而言，在不安分的海面上漂浮的冰山并不是最危险的。有时候会从巴芬海湾下来比任何冰山都稍微大些的巨山。斯科尔比遇到过宽10里格、长30里格的冰山。这些障碍物的表面到处都坑坑洼洼的，因为它们是由破裂的冰块胡乱组合起来的，有时它们形成的形状与大岛卜的山脉一样。漂浮的冰山上的雪非常厚，有人会把它们想象成是冬至时，从它们的基地原封不动地抽离出来的瑞士行政区，接着进入了大海，在那里有某种能让这冰山和它们的小山群、平原、峡谷在海面上漂浮的神秘的力量。它们前进的速度非常快，如果撞上障碍物，产生的冲击力会令人难以想象。可以想象一下，一个物体重100亿吨，当它以飞快的速度前进时产生的冲击力该有多大。所以，如果有一条船在海上看到这样一座冰山在向它靠近，那么为了避免被撞，它只能采取一个办法：快速转弯，然后以最大马力前进，将路让给这个巨大的漂浮物。

让这些冰山向南移动的力量是什么呢？尤其是在巴芬海湾。都是大西洋的洋流，冷却后的墨西哥湾暖流正在返回基地的途中。

　　经过蒸发，盐水的重量会增加，因为盐本身不会蒸发，海水中盐的浓度会随着水变少而增高。墨西哥湾暖流的发源地在墨西哥海湾，现在，那个纬度在太阳的照射下，水蒸发得特别快。经过蒸发，海水中盐的浓度不断增高，海水也因此越来越重。不过，从另一个方面来说，热量会使水量增加，于是海水又变轻了。而与前者相比，后者产生的效果更大，所以虽然温水含有很多的盐分，但仍然会在冰水上漂浮，形成表面流。很明显，这种富含盐分的表面流之所以能够漂浮在表面，只是因为它温度高，一旦热量不足，它就会失去浮力，直接沉下去。相应地，只要它能够从海湾获得充足的热量，它就能以表面流的形态一直前行。然而从极点出发的与它方向相反的洋流，因为含有大量的冷水，所以会在海底行进。暖流在前行的过程中，随着热量逐渐流失，也就不会再在海面上漂浮了，因为它所含的盐分非常高，所以在盐分的重力作用下，它会直直地沉下去，为那些即将与它交换位置，到海面上漂浮的海水腾出地方。

　　北部海洋的情况与此完全相反。也就是说，从墨西哥海湾出发的暖流会在海底行进，而从极点出发的寒流会在海面上漂浮。漂浮的冰山在呈现这两股相反的洋流的上下层关系时使用了一种惊人的方式。那些小块的冰的底部只能深入到表面流，都是从北向南移动的；而大块的冰，有时底部会深入到更深一层的洋流，当这种状况发生时，这些冰山就会掉头移向北方，直到避开那股把它们拉向反方向的无形的力量。从巴芬海湾下来的冰山是跟着极地气流移动的，也就是说极地海域会留下它的最后一点温度，之后，冷却下来的墨西哥湾暖流会将它带到墨西哥湾。

　　这些从极地出发的寒流和从海湾出发的暖流在纽芬兰的北部汇合。极地洋流在这里遇到从南面来的洋流，然后与其擦身而过，它们会在这儿交换位置，之前在海面上的，现在会沉到海底，而之前在海底的，现在则浮到海面上来了。

　　这两股洋流汇合，形成了巨大的海底高原——纽芬兰浅滩或大浅滩。被极地寒流带来的冰在遇到从南面来的暖流时会开始融化，然后将一些从格陵兰海岸带来的矿物质释放到海里，例如小石子、沙子、岩石碎片等。同时，它们带来的各种各样的海洋生物，尤其是软体虫，全都葬身于北部的冰海里了，这些生物死后的骨架和坚硬外壳也因此在海底沉积。因此，可以说，纽芬兰浅滩是由冰山从北部带来的矿物质以及葬身于冰冷水域的生物遗骸建立起来的。

　　让我们对极地地区的一些神秘的岛屿和海峡进行更深一步的了解，它们在极地海域和北美洲大量存在着。因为对有勇气的人而言危险是非常有吸引力的，所以一直以来都有为了寻找科学依据而前往这些禁区的勇敢的探险家，他们无视任何艰难险阻，甚至会在那儿过冬，尽量靠近极地，直到超出他们所能承受的极限。我要讲的是这些勇敢的人中的两个，第一个是约翰·富兰克林。1847年，约翰·富兰克林和他的137个同伴来到这里，最后全都丧命于此，"厄瑞波斯"和"特若瑞"这两条船也消失了。第二个是凯恩，他的冒险旅程与约翰·富兰克林的相比要幸运得多，甚至他还因学界在给那些极北地区命名时使用了他的名字，而享有不朽的名声。为了进入这些最危险的海域，第一批航海家们都葬身于格陵兰的南端——费尔维尔角，控制着这些极地海域的入口——就好像他们在从极地海域的入口穿过后，告别了生命。实际上，这些危险足以使最勇敢的人感受到威胁。

假如海水并未全部结冰，假如海水可以为航海家留出一条路来，假如洋流的走向能够帮助他在向他冲过来的冰山之间缓慢地前行。那么，再过几小时，霜也许就会给人致命一击，而冰山会在船的四周连成一圈，将所有的出口都切断。这时，船会被冰封，然后和几乎要变得如同石英一样硬的冰海结在一起，过不了多久，船员和船就会被困住，时间也许是几天，几个月，乃至一整年，任何人力都无法开拓出路。

在包围着的冰的压力作用下，船会发出嘎吱嘎吱的响声。好船是能够承受住这种压力，还是会被压得粉碎呢？一般来说，在被那样困住之后，唯一的选择就是弃船，然后步行出发，走过随时可能会开口吞下水手的冰面。不过就算船员成功到达陆地，生存的机会依然十分渺茫，在那样糟糕的气候下，除了冰和雪，脚下没有任何东西，人们很可能会因为饥饿、寒冷或绝望而死去。

实际上，陆地上的危险与海上的相比并不算小，尤其是在十分寒冷的冬天，太阳几个月才出现一次，温度几乎都是零下四五十摄氏度。换上在雪地里行走时适宜穿着的雪地靴，裹上大衣，他们在微弱的月光下出发了。那并非晚上的黑暗，也不是白天的亮光，那是通过小小的隔栅窗照进地牢里的微弱光。这里没有能够让人分清中午和夜晚的东西，第一次在这样半黑暗的环境里待几个月，肯定会有人感觉自己来到了一个远离地球的假想世界。就连家禽也会因为被带到这种被遗弃的地方而恐惧得大声鸣叫，最后甚至还因惊吓过度而死亡。

在这些场景中，连自然都发出了痛苦的声音。但是，人类有一个十分忠实的仆人，既不怕漫长的极夜也不怕严寒，可以让他和这一切做斗争。这个仆人就是爱斯基摩犬，那些分散的部落把它们当作形影不离的伙伴，它们为这个可怕的地区冠上了一个美好的称号——祖国，它们常年在那里居住，夏天住在豹皮棚里，冬天住在雪屋里。一群这种强壮的动物可以由一个人带着用雪橇拉日用品。然而尽管有狗，仍然会有猛烈的北风呼啸而来，打在脸上，如同皮鞭在抽，还会在皮肤上划出深深的刮痕；血管里的血仿佛也要冻住了，肉也冻得发紫，继而发白，然后就失去了所有的感觉。为了恢复身体机能，每隔15分钟摩擦一次雪是十分必要的。呼出的气体会在鼻孔四周形成针状的霜，胡须会粘在衣服上，要用剪刀才能将它们分开；眼泪会冻在眼睫毛处，和它粘在一起。蹒跚前行的旅行者，看上去好像晕了一样。

人们需要消除疲劳。小屋必须建成爱斯基摩的风格。雪堆积起来形成墙壁，再用一整片的冰做屋顶。探险家在这样的避难所里，可以暂时得到休息，好好地睡一晚。到了该起床时，会有信号，小屋四周的小雪墩开始移动，并且产生震动。它们就是睡在外面的爱斯基摩犬，这些动物在睡觉的过程中会慢慢地陷到雪里。主人定时给它们的口粮会被它们一下子吞掉，然后它们就会被系在雪橇上，整个团队继续前进。

它们能够到达目的地吗？它们似乎不太可能把所有的障碍都克服。天气已经这么恶劣了，但是任何一天，都可能会加倍地寒冷，甚至在几分钟内就能把一个人冻僵。对于食物的运输来说不可或缺的那些狗也许会死掉，或者作为食物被人吃掉。谁知道这些食物会不会被迅速分割，一口吃掉，然后只剩下骨头呢。谁知道冰会不会突然在旅行者的脚下开个口，然后把他们吞掉呢——他们更多的不是走在陆地上而是走在冻结的冰上。那些试图把极地地区的秘密挖掘出来的尊贵的探险家们，愿你们能够得到上帝的保佑！

1854年，凯恩和他的同伴们，这些勇敢的美国人，在将他们的"前进"号丢弃之后，利用爱斯基摩犬和雪橇继续进行他们的探险之旅。他们下定决心要去北极，哪怕他们会在那里丧命。现在，他们到达了距离极点200里格之内的地方，你知道他们在穿过这些前进路上的阻碍——巨大的冰地之后，发现了什么吗？他们发现了一片十分开阔的海，发现了温暖和生命的存在。水生的飞禽在水面上追逐嬉戏，鸭子、海鸥、鹅和经常出现在海洋上的其他飞禽在空中盘旋，一些有着白色羽毛和宽阔翅膀的不知名的鸟儿在绕着它们飞，并发出不怎么悦耳的叫声。这些探险家从未一次见过数量这么多的鸟。鱼儿在水里游荡，海豹在岩石上玩耍，花儿在海岸盛开。总之，各种各样的生命再一次在眼前出现。

探险家意外发现的这片海摆脱了冰山的束缚，一直向北延伸，放眼望去都是水，在探险家的脚下翻滚着绿色的波浪，就像我们常见的海浪一样。这片海向海岸吹来一阵持续了52小时的强风，却连一小片漂浮的冰都没有带来。所有的东西都显示出这片海是多么大多么深。啊，要是凯恩现在还带着他那艘被冰川困住的"前进"号，他肯定会在这片神奇的水面上尽情畅游一番，虽然冰环可能会把"前进"号困住，但是它的主人依然在自由地向极地前进！他可能会到达北极，然后穿过它。

是什么让这片极地海洋哪怕被巨大的冰环包围着也能保持如此开阔呢？很可能是沉在冰块下的不同地方的墨西哥湾暖流将自己的最后一点温暖带到了这里。

南极并不像北极这样为人们所熟知。一层长达1000里格的冰帽覆盖着这里。探险家们已经探测过一些陆地，比如维多利亚地、路易菲利普地、阿德利兰，在同等厚度的冰层下面发现了花岗岩层。路易菲利普地和阿德利兰是法国海军兼勇敢的探险家——杜比尔·尔维尔分别于1838年和1840年发现的，他在从南极冰山的险境逃离之后，将我们的国旗插在了这片世界知名的极地地区的土地上。1844年，杜比尔·尔维尔在发生于凡尔赛的铁路事故中丧生。

被许多狭窄的海峡破坏了的陆崖构成了南极冰帽的边缘。

杜比尔·尔维尔是这样叙述的：

无法用语言来描述这堵难以逾越的墙的样子，它会让心灵充满本能的恐惧。任何其他地方都不会让人感到如此彻底的绝望，察觉到自己有多么软弱和无助。这是一个充满死亡的世界，是寂静而悲惨的世界，这里的一切都让人感到绝望。在地平线上最远的一端，只有冰。三四十米高的冰山随处可见。它们也许会被当作用来建造三角形建筑物的大理石。透过几乎永远不会消散的雾，冰似乎变成了灰色。不过，有时，如果天空很晴朗，有太阳照射的话，也许会看到一束最绚丽的斜光。在这片冰地的四周，只有一片死寂。生命的特征只是几只无声地在天空中盘旋的小鸟，唯一可以打破沉寂的是几头鲸鱼时不时发出的巨大响声，还有笨笨的海豹在光滑的冰面上俯卧。

"阿斯特罗比"号和"自立"号两条单桅帆船在探险旅程中，正在驶向一个与悬崖交叉的开阔海峡。可能有人会想，它在巨人城市里的某条狭窄的街上行走。这两条船在这些大冰块面前显得特别渺小，它们的船体看上去是那么脆弱，桅杆是那么单薄，以致我们无法消除自己的恐惧。在这些墙的脚下出现了很大的开口，海浪进入到这些开口后产生了巨大的骚动，太阳光照射在光滑的冰面上产生了效果神奇的光和阴影。被1月的太阳晒得融化的雪形成了小瀑布，在这些纬度，1月属于夏季。从一堵墙回弹到另一堵墙的指挥声，唤起了更多次的回声。

一小时后，船只行驶到两座冰堡之间，任何一块从上面掉下来的碎片都能够将它们击沉。不过它们最后从那里出来，进入了一个巨大的盆地。一边被冰墙堵住了，有一个刚好可以让船只进去的入口；另一边是陆地，一层厚厚的冰覆盖在高达千米的陡峭的海岸上，在太阳的照射下它的白色变得特别鲜艳。那就是阿德利兰，可能是南极大陆的一部分。在欢呼声中，船只出发了，国旗飘扬在地球上这片无边无际的土地上，它是一片埋藏在永久积雪的三四百米深处的红色花岗岩土地。

杜比尔·尔维尔发现极地陆地的唯一证据是冰悬崖边上那几块露出地表的岩石。在被冰帽包围的极地是无法看出其余埋在冰下的陆地的。1841

年，英国海军罗斯进入了南极冰帽，发现了两座离得比较近的火山，他用自己两条船的名字——"厄瑞波斯"和"特若瑞"——分别给这两座火山命名。厄瑞波斯山的高度为3750米。当罗斯对这座火山进行考察时，发现它是全活的，周围都是烟，火苗四处扩散，岩浆正在它被雪包围的火山口处翻腾，冰山发出耀眼的光芒。